Nikunj N Valand
Anshul P Patidar
Manish B Patel

Aplicações de conjuntos supramoleculares com anéis heterocíclicos

Nikunj N Valand
Anshul P Patidar
Manish B Patel

Aplicações de conjuntos supramoleculares com anéis heterocíclicos

Uma visão geral da síntese de conjuntos heterocíclicos de base supramolecular e sua aplicação para abordagem biológica

ScienciaScripts

Imprint

Any brand names and product names mentioned in this book are subject to trademark, brand or patent protection and are trademarks or registered trademarks of their respective holders. The use of brand names, product names, common names, trade names, product descriptions etc. even without a particular marking in this work is in no way to be construed to mean that such names may be regarded as unrestricted in respect of trademark and brand protection legislation and could thus be used by anyone.

Cover image: www.ingimage.com

This book is a translation from the original published under ISBN 978-3-659-83041-9.

Publisher:
Sciencia Scripts
is a trademark of
Dodo Books Indian Ocean Ltd. and OmniScriptum S.R.L publishing group

120 High Road, East Finchley, London, N2 9ED, United Kingdom
Str. Armeneasca 28/1, office 1, Chisinau MD-2012, Republic of Moldova, Europe
Printed at: see last page
ISBN: 978-620-8-21600-9

Índice:

Aplicações de
conjuntos supramoleculares
com anéis heterocíclicos
Dr. Manish B. Patel
Nikunj N. Valand Dr. Anshul P. Patidar
Aplicações de conjuntos supramoleculares
com anéis heterocíclicos
por
Dr. Manish B. Patel, M. Sc., Ph.D
Professor Assistente, Departamento de Química,
Universidade Kadi Sarva Vishwavidyalay (KSV),
Gandhinagar, Gujarat.
Nikunj N. Valand, M. Sc.
Bolseiro de investigação sénior de doutoramento DST-INSPIRE,
Departamento de Química, Faculdade de Ciências,
Universidade de Gujarat, Ahmedabad, Gujarat.
&
Dr. Anshul P. Patidar, Mestre em Ciências, Doutor em Ciências
Professor Assistente, Departamento de Química,
Universidade Kadi Sarva Vishwavidyalay (KSV),
Gandhinagar, Gujarat.
Dr. Manish B. Patel
Nikunj N. Valand Dr. Anshul P. Patidar

Aplicações de conjuntos supramoleculares com anéis heterocíclicos
Uma visão geral da síntese e caraterização de conjuntos heterocíclicos de base supramolecular e sua aplicação para abordagem biológica

Nota dos autores

Relativamente à organização, o livro é composto por seis partes, bem preparadas de uma forma compreensível. A primeira parte é uma introdução geral, apresentando uma visão geral das supramoléculas. A segunda parte explica a síntese e as aplicações dos calixarenos. A terceira parte debruça-se sobre várias estruturas de fulerenos funcionalizados e as suas aplicações. A quarta parte apresenta os pormenores dos estudos computacionais. A parte cinco descreve o objetivo e o âmbito da investigação de andaimes heterocíclicos de base supramolecular e inclui referências na parte seis.

Estou muito grato ao meu orientador e aos meus colegas do departamento por me terem dado o estímulo necessário para escrever este livro. Estou grato a todas as pessoas cujos escritos e trabalhos me ajudaram na preparação deste livro. Agradeço a assistência prestada pela Comissão de Bolsas Universitárias e ao meu colega (Nikunj Valand), bem como ao Programa DST-INSPIRE, Nova Deli, sob a forma de um subsídio "por conta" para a preparação do manuscrito deste livro.

Por último, agradecemos calorosamente à editora LAP Lambert Academic pela elaboração deste manual.

Dr. Manish Patel AhmedabadNikunj Valand

janeiro de 2016Dr.   Anshul P. Patidar

Capítulo 1

1.0 Introdução

A química supramolecular, um ramo da química associado à formação de entidades multi-moleculares complexas a partir de componentes moleculares relativamente simples, tem sido um tema de investigação importante nas últimas quatro décadas. [th]Os fundamentos da química supramolecular remontam ao final do século XIX, altura em que foram desenvolvidos alguns dos conceitos mais básicos desta área de investigação. Já em 1937, Wolf e os seus colaboradores introduziram o termo "Ubermolekul" (que significa supramolécula) para descrever a interação intermolecular de espécies coordenadamente saturadas, como os dímeros de ácido carboxílico [1]. Desde então, a química supramolecular, como área de investigação, enriqueceu-se com a contribuição de inúmeros investigadores de todo o mundo. Em 1987, os investigadores passaram a ter uma visão unificadora deste domínio com a atribuição do Prémio Nobel da Química aos pioneiros da química supramolecular: Jean-Marie Lehn, Donald Cram e Charles Pedersen pelo seu trabalho no desenvolvimento e utilização de moléculas com interações específicas de estrutura de elevada seletividade [2-5]. Lehn, "uma supramolécula é uma entidade organizada e complexa criada a partir da associação de duas ou mais espécies químicas mantidas juntas por forças intermoleculares" [6].

Estas interações intermoleculares incluem várias interações não-ligantes, nomeadamente interações n-n, ligações de hidrogénio, interações hidrofóbicas e interações de van der Waals. As entidades químicas que interagem no processo são frequentemente designadas por hospedeiro e convidado, fechadura e chave ou recetor e substrato. De acordo com o Prof. Cram, "o componente hospedeiro é definido como uma molécula orgânica ou ião cujos locais de ligação convergem no complexo". Também é expresso como "o componente convidado é qualquer molécula ou ião cujos locais de ligação divergem no complexo". [7] Para que ocorra uma interação hospedeiro-hospedeiro, a molécula hospedeira deve possuir os locais de ligação adequados para que a molécula convidada se ligue. Esta seletividade pode resultar de uma série de factores diferentes, tais como a complementaridade dos sítios de ligação do hospedeiro e do convidado, a pré-organização da conformação do hospedeiro ou a cooperatividade e a multivalência dos grupos de ligação.

O desenvolvimento de estratégias coerentes para a ligação selectiva de moléculas-alvo através da conceção racional de receptores sintéticos ou "hospedeiros" continua a ser um dos objectivos mais procurados da química. Existem vários receptores sintéticos bem conhecidos com sítios de ligação e conformações favoráveis, como as ciclodextrinas, os éteres de coroa, os calixarenos, os fulerenos, etc.

Os calixarenos e as moléculas relacionadas são provavelmente os mais versáteis de todos os receptores sintéticos; puramente com base no facto de terem uma cavidade profunda em forma de cesto e dois aros que favorecem uma funcionalização infinita que pode alterar a polaridade e as dimensões da cavidade, resultando num hospedeiro muito flexível e adaptável. Estes hospedeiros podem encapsular uma variedade de moléculas convidadas e dar origem a estruturas com funções úteis.

Outra molécula fascinante é o fulereno, o terceiro alótropo do carbono. Os fulerenos, com as suas intrigantes propriedades físico-químicas, tornaram-se objeto de intensa investigação em ciências dos materiais, medicina, nanotecnologia, etc. Por estas mesmas razões, os receptores hospedeiros ou sintéticos escolhidos para o presente trabalho são:

1. Calix[n]arenos e resorcinarenos
2. Fulerenos

As moléculas hospedeiras acima mencionadas, as suas metodologias de síntese, importância e aplicações são discutidas em pormenor a seguir:

Capítulo 2

2.0 Calixarenos
2.1 Evolução da química do calixareno

Os calixarenos são compostos macrocíclicos compostos por unidades fenólicas ligadas por pontes de metileno para formar uma cavidade hidrofóbica capaz de formar complexos de inclusão com uma variedade de moléculas convidadas. Estas moléculas foram sintetizadas pela primeira vez por Adolph von Baeyer como produtos da reação de fenóis com aldeídos na presença de ácidos fortes [8]. Mas foi só no final da década de 1970 que o trabalho pioneiro de C. D. Gutsche levou a um interesse renovado na química dos produtos fenol-formaldeído. Gutsche chamou a estes produtos cíclicos calixarenos [9], derivado da palavra grega "calix", que significa vaso, e "arene", que indica a presença de anéis aromáticos.

A estrutura básica de um calixareno consiste na repetição de unidades fenólicas; estas unidades fenólicas podem ser fenóis p-*substituídos* que dão calix[n]areno *p-substituído*, resorcinóis que dão calix[n]resorcinarenos, pirogalol que dá pirogalolareno, etc.

2.2 Preparação de calixarenos

O esquema sintético básico para a preparação de calix[n]arenos e resorcinarenos é apresentado a seguir:

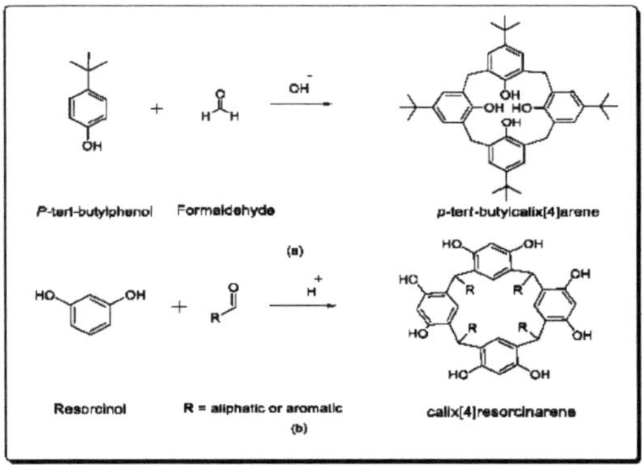

Figura 1: (a) Calix[4]arenos derivados do fenol **(b)** Calix[4]resorcinareno derivado do resorcinol.

Gutsche introduziu a síntese de calixarenos *de terc-butilo* com quatro [10], seis [11] e oito [12] unidades de repetição, induzida por uma única base. Um dos resultados mais significativos dos seus procedimentos foi o excelente rendimento dos principais produtos. Foi demonstrado que, escolhendo adequadamente as condições de reação, o material de partida pode ser transformado em tetrâmero cíclico, hexâmero cíclico ou octâmero cíclico, cada um com o mesmo substituinte em todas as posições *para*.

A síntese dos resorcinarenos pode ser obtida com elevados rendimentos através de uma reação simples num único frasco. O método geral implica a condensação de um aldeído (aromático ou alifático) com resorcinol num meio alcoólico ácido, após o que o produto cíclico cristaliza a partir da solução; dependendo do aldeído utilizado, são necessárias diferentes condições de reação para a formação óptima do produto [13]. No final da década de 1980, Cram *et al.* relataram um estudo metódico sobre as influências dos grupos funcionais no aldeído e no resorcinol na síntese de resorcinarenos [13].

2.3 Caraterísticas estruturais dos calixarenos

A estrutura básica de um calixareno consiste na repetição de unidades fenólicas ligadas por grupos metileno para formar uma cavidade de forma cilíndrica distinta. O lado mais largo da cavidade é definido como o bordo superior e o lado mais estreito do hidroxilo é o bordo inferior [14]. Uma vez que são facilmente derivatizados, foram relatados numerosos esquemas de reação que produzem estes compostos com uma miríade de funcionalidades e propriedades químicas. São conhecidos calixarenos com um mínimo de três e um máximo de vinte unidades de repetição [15]. A maioria dos estudos trata de derivados de calix[4]arenes, calix[6]arenes e calix[8]arenes. Os tamanhos das cavidades do calix[4]areno, calix[6]areno e calix[8]areno são 3,0 Â, 7,6 Â e 11,7 Â, respetivamente[16].

A orientação espacial de cada unidade fenólica conduz a uma conformação que é função das condições de reação, do número de fenóis ligados entre si, do seu grau de substituição e, por vezes, do comprimento da ligação entre fenóis [17]. O composto-mãe não substituído do calix[4]areno possui uma conformação tipo cadeira com dois anéis aromáticos num plano e os outros dois em ângulos rectos [18] . As rotações dos grupos metileno entre fenóis dão origem a conformações variáveis em calixarenos substituídos. Por exemplo, os *p-terc-butilcalix*[4]arenos assumem mais frequentemente a conformação de cone, cone parcial, 1,2-alternativa ou 1,3-alternativa. (**Figura 2**) mostra uma representação simplificada de cada conformação. Por convenção, quando todos os anéis fenólicos estão apontados para cima, isso significa o cone. Quando um ou dois estão apontados para baixo, isso significa um dos 4 arranjos parciais do cone. As medições de ressonância magnética nuclear (RMN) de protões de vários calixarenos em solução mostram que estes existem principalmente na conformação em cone, mas são conformativamente móveis à temperatura ambiente [19].

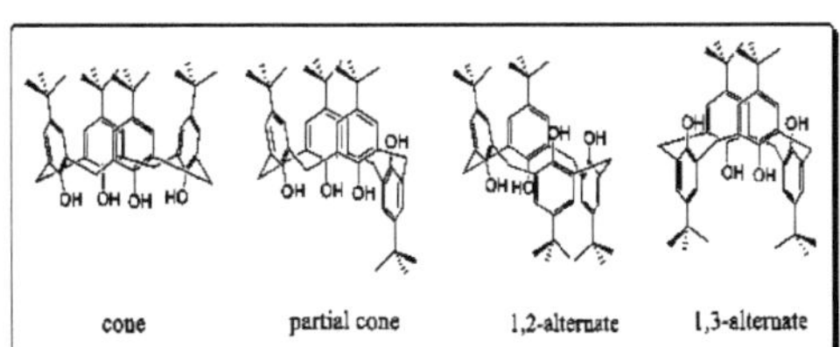

Figura 2. Conformações dos calix[4]arenos substituídos.

A flexibilidade dos calixarenos pode ser controlada por cristalização, o que permite fixar uma conformação desejada no estado sólido. Além disso, o controlo da conformação pode ser conseguido através da derivatização das funcionalidades do bordo superior e inferior com grupos mais volumosos que inibem a rotação. Por exemplo, a ligação intramolecular de fenóis através de um espaçador pode formar compostos com ponte [20] e com tampa [21], dependendo do tamanho do espaçador.

2.4 Funcionalização dos Calixarenos

Nas últimas quatro décadas, tem sido dada uma atenção considerável à modificação química dos calixarenos, que tem sido utilizada para alterar profundamente as propriedades químicas e supramoleculares dos macrociclos de origem.

As transformações são normalmente efectuadas por:

I. Funcionalização nas posições para dos anéis aromáticos, ou seja, no bordo superior.

II. Funcionalização nos hidroxilos fenólicos, ou seja, no bordo inferior.

2.4.1 Alteração da jante superior

A modificação do bordo superior dos calixarenos envolve a substituição na posição *para* do oxigénio fenólico [22]. O grupo *terc-butilo* pode ser removido por uma reação catalisada por AlCl3 na presença de um aceitador como o fenol ou o tolueno [23] e podem ser efectuadas várias substituições, tais como halogenações [24-25], nitração [26], sulfonação [27], sulfocloração [28], acilação [29], clorometilação [30], aminometilação [31-32], nitração [33] e sulfonação [34], etc. Estes substituintes podem sofrer outras reacções, como a redução dos grupos nitro [35] e o acoplamento aril-aril Suzuki [36], etc. Para o presente trabalho, foi escolhida apenas a sulfonação no bordo superior devido à facilidade do procedimento e à versatilidade do derivado obtido. Por conseguinte, os calixarenos sulfonados foram discutidos em pormenor a seguir:

2.4.2 Sulfonação

Um dos primeiros calixarenos solúveis em água foi produzido por sulfonação do bordo superior, e este continua a ser um procedimento frequentemente utilizado. Os pormenores experimentais que foram relatados para a sulfonação do calix[4]resorcinareno e do calix[4]areno são amplamente revistos nos livros de texto [37-39]. Os sulfonatocalixarenos são importantes por si só como compostos solúveis em água, mas também podem servir como intermediários para uma funcionalização adicional, geralmente por conversão numa sulfonamida. O tratamento de *p-sulfonatocalixarenos* com SOCl2 produz o composto clorossulfonilo [40]; os *p-clorossulfonatos de* calixarenos podem também ser obtidos diretamente por tratamento de um calixareno com HSO3Cl. Os *p-clorossulfonil* calixarenos reagem (a) com NH, para dar as sulfonamidas, (b) com aminas simples como a propilamina e *a terc-butilamina* para dar N-alquilsulfonamidas, e (c) com várias etanolaminas para dar as sulfonamidas solúveis em água [41]. **(Figura 3).**

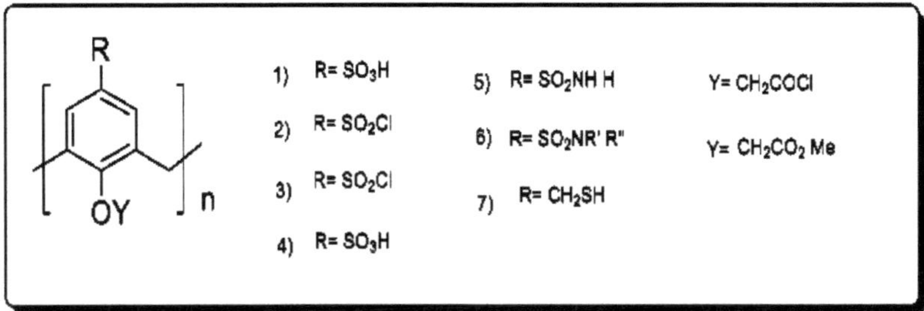

Figura 3. Sulfonação do calix[4]areno.

2.4.3 Modificação da jante inferior

O bordo inferior dos calix[4]arenos foi objeto de menos modificações, mas as aplicações dos calix[4]arenos substituídos no bordo inferior são muito superiores às dos substituídos no bordo superior. Os grupos hidroxilo fenólicos na borda inferior dos calixarenos representam uma excelente função reactiva para a introdução de grupos que modificam a forma e as propriedades complexantes destas moléculas. Os trabalhos preliminares sobre o bordo inferior dos calixarenos foram iniciados com reacções de alquilação e acilação que foram amplamente analisadas em livros de texto [37-39] e artigos de revisão [42-44]. A borda inferior também pode ser facilmente modificada com moléculas heterocíclicas ou outras moléculas orgânicas e uma expansão apropriada da cavidade após a substituição pode ser alcançada. A investigação aqui apresentada mostra que, após a modificação estrutural do calix[4]areno no bordo inferior por eterificação e esterificação, se observa um fácil encapsulamento de fármacos, moléculas orgânicas e heterocíclicos. As modificações do bordo inferior adoptadas para o presente trabalho são analisadas a seguir:

2.4.4 Eterificação

A alquilação foi estudada em grande medida no calix[4]areno e foram desenvolvidos métodos para preparar os mono, 1,2-di, 1,3-di, tri e tetra éteres. Os monoéteres podem ser preparados com rendimentos moderados a elevados por alquilação direta utilizando um agente alquilante com hidreto de sódio como base em solução de tolueno [45]. A monobenzilação do 1,3-dinitrocalix[4]areno, com tricloreto de alumínio como catalisador, produziu os respectivos derivados, ocorrendo a aroilação preferencialmente nos resíduos de arilo que não contêm os grupos *p-nitro* [46]. Os o-metil, -n-butil e n-octadecil calix[4]arenos com grupos ácido *p-fosfónico* no bordo superior foram preparados com elevado rendimento **(Figura 4)** [47].

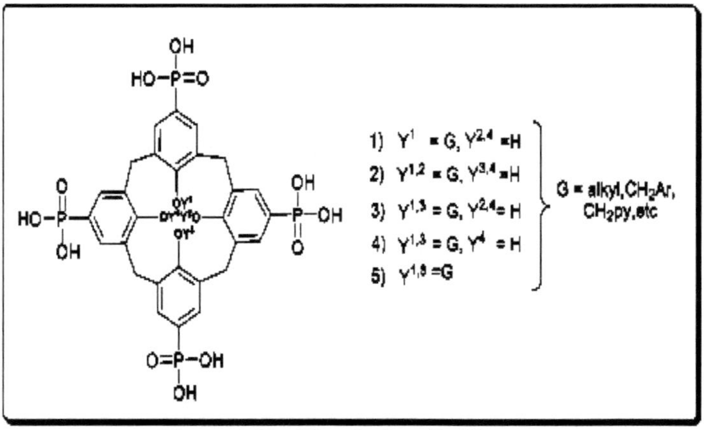

Figura 4. Eterificação do calix[4]areno.

A tetra-alquilação do calix[4]areno é geralmente efectuada com um excesso de agente alquilante na presença de hidreto de sódio de base forte, embora em alguns casos seja também utilizado o carbonato de potássio de base muito mais fraca.

2.4.5 Esterificação

Os estudos de esterificação realizados nos anos 90 centraram-se principalmente na substituição parcial devido à utilidade potencial dos produtos para a funcionalização selectiva do bordo superior. Utilizando halogenetos de ácido na presença de bases mais fracas que o NaH e utilizando quantidades limitadas do reagente esterificante, e/ou utilizando reagentes esterificantes volumosos, é frequentemente possível obter calixarenos parcialmente substituídos de forma bastante selectiva. O esquema mostra (**Figura 5**).

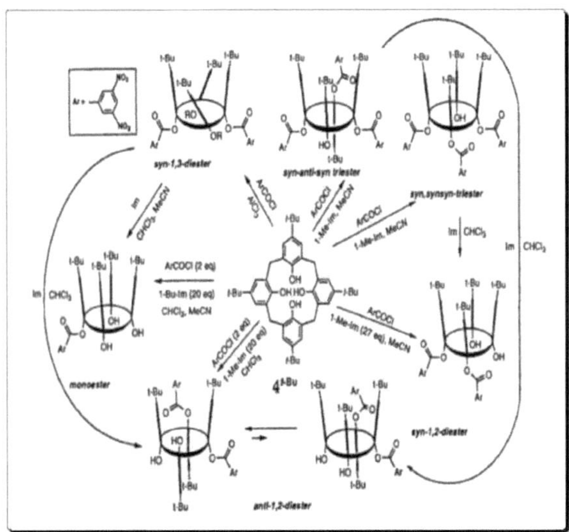

Figura 5. Esterificação do *p-tert-butilcalix*[4]areno.

Ilustra o efeito que alterações aparentemente pequenas nas condições de reação podem ter no resultado da reação. A eficiência catalítica dos calix[4]arenos quirais foi avaliada realizando a alquilação por transferência de fase do éster etílico da N-(difenilmetileno) glicina com brometo de benzilo [48].

2.5 Aplicações dos calixarenos

A pesquisa bibliográfica revela que os calix[n]arenos têm sido utilizados numa grande quantidade de aplicações, por exemplo, em ecrãs de cristais líquidos [49], extração de líquidos líquidos [50], eléctrodos selectivos de iões [51], para a ligação e/ou deteção de aniões e catiões [52], em sensores de moléculas neutras, em catálise [53], na ligação de substratos biológicos [54], como mímicos de enzimas [55], em fases estacionárias cromatográficas [56], etc. No entanto, as aplicações mais promissoras baseiam-se nas suas propriedades biológicas e nos complexos de inclusão com fármacos, que serão analisados em pormenor. Foi demonstrado que os calixarenos possuem actividades anticancerígenas, antivirais, antibacterianas, antifúngicas e antimicobacterianas. Em 1955, Cornforth *et al.* registaram a primeira aplicação médica de um derivado de calixareno (Macrocyclon) [57]. Rodik *et al.* analisaram a atividade antiviral, antitrombótica, bactericida, antituberculose e anticancerígena, bem como a toxicidade, as propriedades embranotrópicas e a complexação proteica específica dos calixarenos modificados [58]. Fatima *et al.* forneceram uma visão geral e discutiram a importância dos calixarenos para o desenvolvimento de medicamentos [59]. Apresentamos aqui as numerosas aplicações biológicas dos calixarenos, quer como novas entidades químicas com actividades biológicas distintas, quer como hospedeiros de moléculas hóspedes bioactivas.

2.5.1 Atividade anticancerígena

Existem calixarenos específicos que apresentam uma atividade anticancerígena e que permitem resolver, em parte ou na totalidade, os problemas associados ao cancro. Anthony *et al.* patentearam um novo derivado de calixareno como agente anticancerígeno e demonstraram o efeito anticancerígeno do ácido calix[4]areno dihidrofosfónico em diferentes células tumorais em cultura, em especial no fibrossarcoma, no melanoma e nas células leucémicas. Além disso, compararam o efeito anticancerígeno do ácido calix[4]areno dihidrofosfónico, do ácido *p-octanoil-calix*[4]areno dihidroxifosfónico e do ácido *p-tert-butilcalix*[4]areno dihidroxifosfónico em linhas celulares. (**Figura 6**) [60]. Sabe-se que os derivados do calixareno formam cápsulas hospedeiro-anfitrião solúveis em água com agentes anticancerígenos como a carboplatina, a doxorrubicina, o topotecano, o paclitaxel, etc. Verificou-se que estes complexos têm maior solubilidade do que o fármaco livre e que a libertação dos fármacos se processa de forma controlada e específica [61-64].

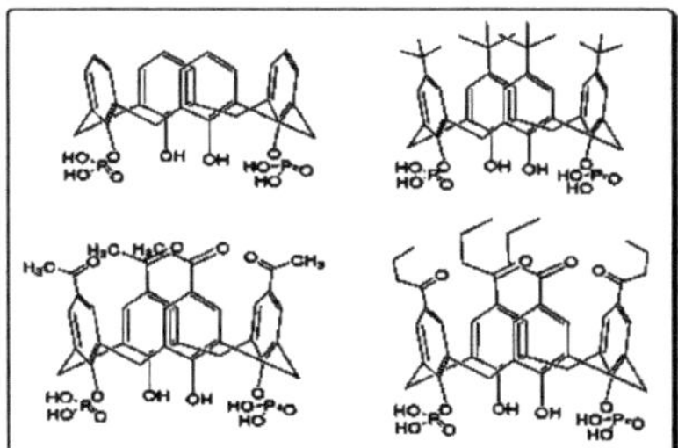

Figura 6. Estruturas químicas de quatro derivados dihidrofosfónicos do calix[4]areno.

2.5.2 Anti-micobacterianos

A tuberculose é uma das principais causas de morte entre as doenças infecciosas, sendo responsável por mais de dois milhões de mortes por ano, e a sua incidência está a aumentar devido ao ressurgimento de doenças resistentes aos medicamentos

estirpes de mycobacterium tuberculosis. Os calixarenos são capazes de modificar o seu crescimento e são eficazes no controlo das suas infecções. Colston *et al.* [65] revelaram que os macrociclones **(Figura 7)** eram eficazes em ratos atímicos e sintetizaram uma série de calixarenos estruturalmente relacionados que expressam uma atividade antimicobacteriana significativa. Mostraram que o macrociclão afectou significativamente o crescimento micobacteriano em macrófagos murinos através de um mecanismo que envolve o metabolismo da L-arginina e a atividade da óxido nítrico sintase induzível (iNOS). Descreveram também a atividade antimicobacteriana de calixarenos com cadeias poliméricas de polietilenoglicol (PEG) no bordo inferior ou com o grupo *t-octilo* no bordo superior. Noutro relatório, *o p-sulfonatocalix*[n]areno de sódio foi utilizado para melhorar as propriedades físico-químicas e biofarmacêuticas da isoniazida, um fármaco anti-buberculose de primeira linha [66]. São também conhecidos calixarenos catiónicos e aniónicos com atividade antimicobacteriana comparável à de medicamentos de primeira linha como a isoniazida [67].

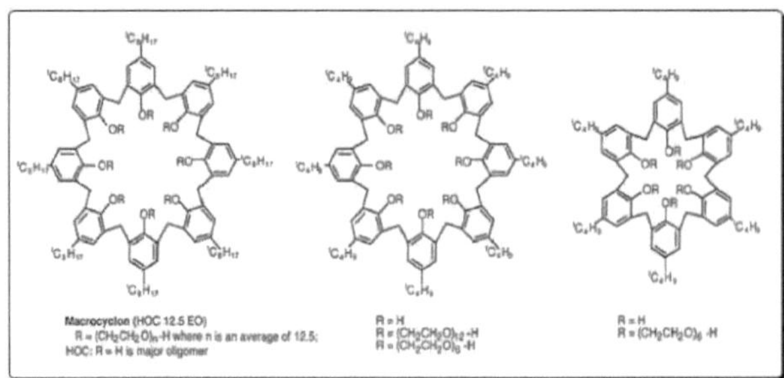

Figura 7. Estruturas químicas dos macrociclones que actuam como agentes anti-micobacterianos.

2.5.3 *Atividade antibacteriana*

Os derivados do calixareno foram utilizados em alguns estudos biológicos relacionados com a ligação do ADN do plasmídeo e a transfecção celular por Ungaro e colaboradores [68]. Foram também comunicadas plataformas de calixarenos concebidas como dispensadores moleculares de fármacos e que apresentam, na extremidade inferior, moléculas de penicilina ou quinolona ligadas através de uma ligação lábil [69-71]. [69-71] Os investigadores estão também a desenvolver estratégias sintéticas que conduzem a um análogo solúvel em água através da introdução de grupos hidrofílicos nos bordos superior e inferior da estrutura do calixareno. Dibama *et al.* [70] sintetizaram um calixareno solúvel em água contendo o ácido nalidíxico, um antibiótico quinolona, e examinaram o seu comportamento de pró-fármaco *in vitro* por cromatografia líquida de alta eficiência. **A Figura 8** apresenta a estrutura molecular do pró-fármaco sintético. As películas Langmuir-Blodgett de complexos de prata bis-coroa de resorcinareno e o sal de trifluoroacetato de *tetra-p-guanidinoetilcalix*[4]areno também foram recentemente registados como agentes antibacterianos[72, 73].

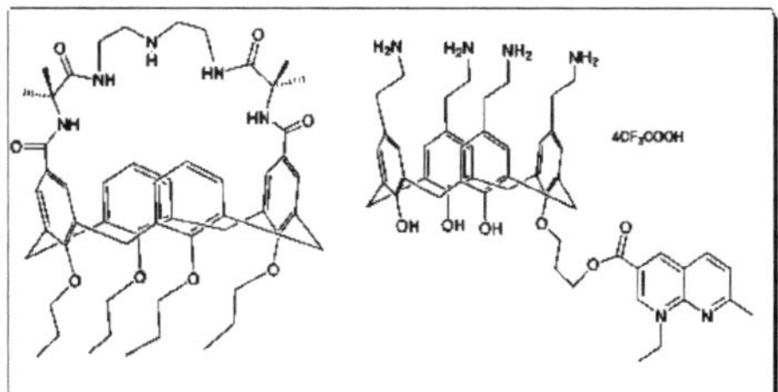

Figura 8. Derivado de calix[4]areno utilizado em agentes antibacterianos.

2.5.4 *Atividade antifúngica*

Os fungos são alguns dos agentes patogénicos mais negligenciados em termos de descoberta de novos medicamentos [74]. O perfil biológico dos calix[n]arenos mostra que estes possuem propriedades antifúngicas significativas. Oliveira *et al.* relataram a síntese de seis calix[n]arenos e a sua atividade anti-para- coccidioides [75] A atividade dos conjugados de anfotericina p calix[4]areno contra *Saccharomyces cerevisiae* foi estudada por Paquet e colaboradores [76]. **(Figura 9)**

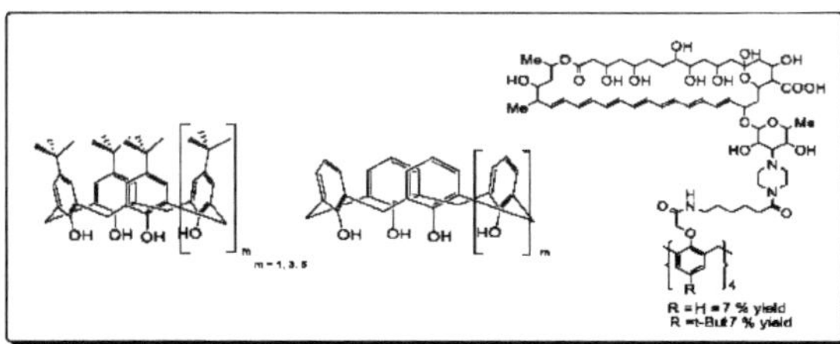

Figura 9. Agentes antifúngicos derivados de calix[n]arenos.

2.5.5 *Anti-proliferativo*

Rouge *et al.* apresentaram a síntese de novos podandos de calix[4]areno com ésteres alquílicos e ácidos alquílicos no bordo inferior [77]. A eficiência antiproliferativa relativa dos derivados foi na seguinte ordem: 2 >1> 3> 4 **(Figura 10)**. Pires e colaboradores relataram a utilização de calix[4]arenos com duas funções hidrazida ou ornitina, grupos de ácido glutâmico/aspártico no bordo inferior [78] e Latxague *et al.* [79] utilizaram calix[4]arenos com grupos diamino-tetraésteres, diamino-tetraálcoois, diamino-tetraácido e tetra-ariloxipentoxi no bordo inferior para se desenvolverem como agentes antiproliferativos. Krenek e colaboradores relataram calix[4]arenes substituídos por N-acetil-D-glucosamina como estimuladores da resposta imunitária antitumoral mediada por células NK [80].

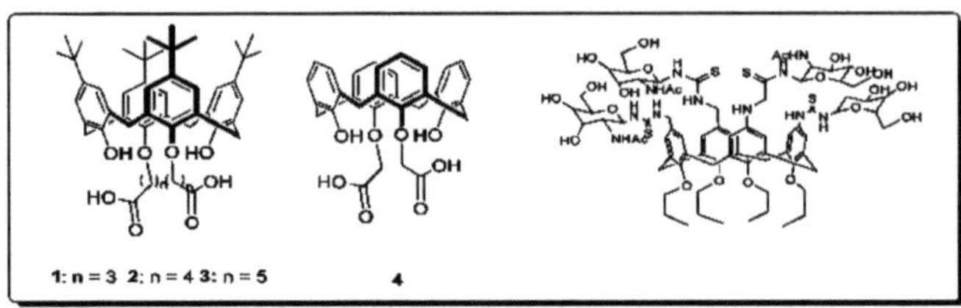

Figura 10. Anti-proliferatividade do derivado de Calix[4]areno.

2.5.6 Atividade antiviral

Sabe-se que os sulfonato-calix[n]-arenos têm utilizações importantes no tratamento de doenças virais, como o VIH e o herpes. Foram sintetizadas duas espécies de *tetra-p-terc-butil-calix*[4]arenos com uma ou duas unidades de aciclovir anti-HSV (vírus Herpes Simplex) ligadas através de ligações carbodiéster no bordo inferior como possíveis pró-fármacos antivirais [81] (**Figura 11**). Outro composto potente baseado numa estrutura de tetrabutoxi-calix[4]-areno que possui uma inibição dupla para o VIH e o VHC foi descrito muito recentemente por Hamilton *et al.*[82].

Regnouf-de-Vains e colaboradores estudaram a avaliação anti-HIV de outros nove calix[n]arenos aniónicos, funcionalizados com grupos sulfonato, carboxilato ou fosfonato no bordo superior e com podandos de bitiazolilo no bordo inferior (**Figura 12**) [83] . Estes derivados foram avaliados como agentes anti-HIV em células PBMC (células mononucleares do sangue periférico), MT-4 (membrana tipo 4) e CEM-SS (sistema de suporte ecológico controlado para ratinhos) infectadas, respetivamente, com estirpes BaI, LAI e III-b do VIH. Não foi observada toxicidade celular a 100 ^M para todos os compostos. Para os derivados sulfonados e carboxilados não substituídos do calix[4]areno, que têm uma atividade modesta, a substituição das unidades de bitiazol resultou num ganho de atividade, sendo os maiores ganhos obtidos com a família sulfonada.

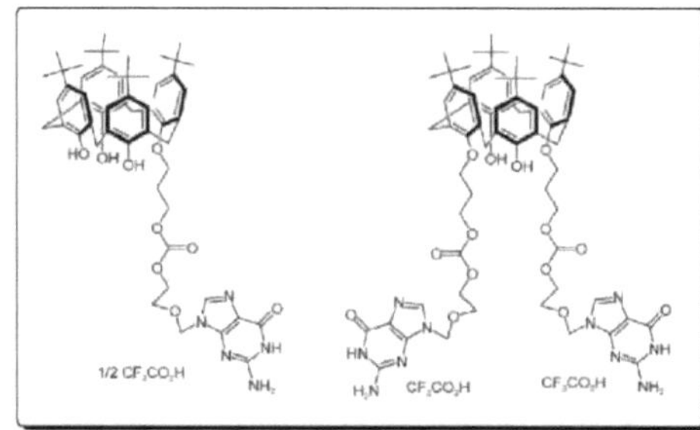

Figura 11. Derivados de calix[4]areno-aciclovir com atividade antiviral.

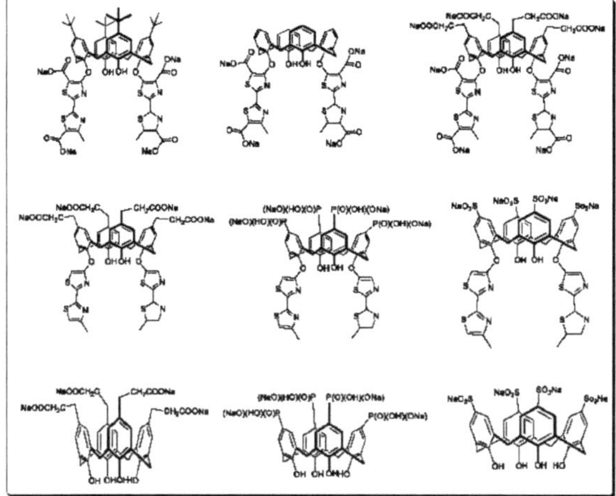

Figura 12. Derivados aniónicos de calix[4]areno estudados quanto à sua atividade anti-HIV.

2.5.7 Complexo de inclusão

Um complexo de inclusão tem dois componentes principais: um componente "hospedeiro" e um componente "convidado". Para a formação de um complexo de inclusão, o hóspede deve encaixar-se, total ou parcialmente, na cavidade macrocíclica do hospedeiro **(Figura 13).** Um complexo de inclusão é em grande parte independente das propriedades químicas da molécula convidada, o requisito mínimo para a formação de um complexo de inclusão é a compatibilidade de tamanho entre as moléculas do hospedeiro e do convidado. Por exemplo, os complexos de inclusão de ciclodextrina são de interesse para a investigação científica porque existem em solução aquosa e podem ser utilizados para estudar as interações hidrofóbicas que são tão importantes nos sistemas biológicos [84].

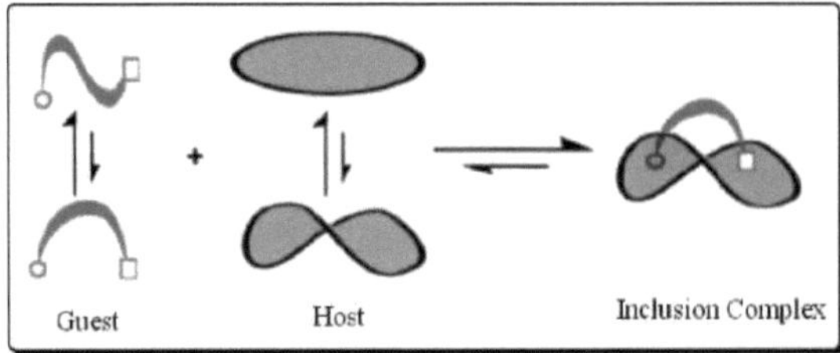

Figura 13. Complexo de inclusão.

Uma forma de aumentar a solubilidade aquosa dos fármacos é utilizar agentes complexantes para formar complexos hospedeiro-hóspede. Entre os agentes complexantes disponíveis, as ciclodextrinas são as mais utilizadas nas formulações de medicamentos [85]. Os agentes complexantes alternativos são os calixarenos, amplamente estudados pelas suas propriedades de inclusão em relação a diferentes moléculas hóspedes. Verificou-se que os calixarenos são muito úteis para aumentar a solubilidade de fármacos pouco solúveis em água, devido à formação de um complexo de inclusão do fármaco na sua cavidade hidrofóbica. Como moléculas hospedeiras de terceira geração, os calixarenos e os seus derivados têm vindo a atrair cada vez mais atenção devido às suas vantagens únicas na construção de sistemas de reconhecimento molecular [86]. Nos últimos anos, os calix[n]arenos (n = 4, 6 e 8) e os resorcinarenos foram investigados quanto às suas capacidades de inclusão de iões e moléculas neutras [87, 88].

A sulfonação dos calixarenos nas suas posições para produz calixarenos *p-sulfonados* altamente solúveis em água, o que permite vencer a fraca solubilidade dos calixarenos em solução aquosa [89]. Recentemente, a possível utilização de calix[n]arenos p-sulfonados em aplicações biológicas e farmacêuticas tem suscitado um interesse considerável [90, 91]. Os calix[n]arenos *p-sulfonados* em soluções aquosas ácidas foram estudados por W. Yang *et al.* [92-94] com três fármacos praticamente insolúveis, nifedipina, furosemida e niclosamida para solublização. Mais recentemente, Da Silva *et al.* efectuaram uma série de estudos de toxicidade celular [95]. Foi publicado um artigo sobre as propriedades hemolíticas de uma série de derivados de *p-sulfonato* calix[n]arenes. Concluiu-se que os *p-sulfonato* calix[n]arenes e os seus derivados serão inócuos no que respeita aos efeitos hemolíticos em doses inferiores a 50 mM [96].

Capítulo 3

3.0 Fulereno

Os fulerenos são a terceira forma cristalina pura de carbono, a seguir ao diamante e à grafite. Foram descobertos inesperadamente durante experiências de espetroscopia a laser na Universidade de Rice, em setembro de 1985, por Robert F. Curl, Jr., Richard E. Smalley e Sir Harold W. Kroto, que foram posteriormente galardoados com o Prémio Nobel da Química em 1996 por esta descoberta espantosa [97]. As moléculas de fulereno são compostas inteiramente por carbono, organizado sob a forma de átomos de carbono esféricos (c_{60}), elipsóides (c_{70}) ou cilíndricos (nanotubos de carbono). A forma esférica ou c_{60} é o representante mais abundante da família dos fulerenos e foi produzida pela primeira vez numa escala preparativa em 1990 por aquecimento resistivo de grafite [98]. o C60 tem o aspeto de uma bola de futebol e por isso é frequentemente designado por "buckyball" ou "footballene". (**Figura 14)**

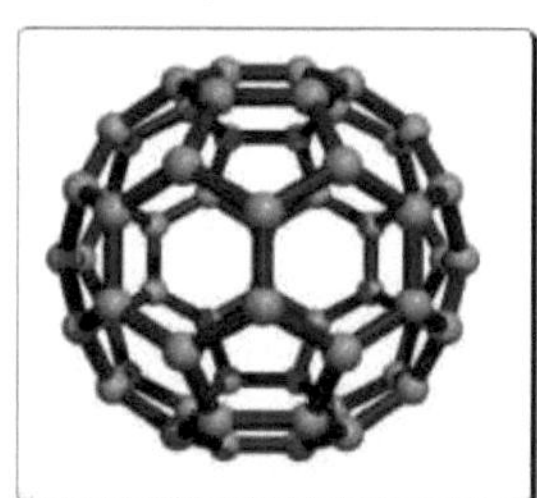

Figura 14. Estrutura do Buckminsterfullerene (c_{60}).

A superfície do fulereno c_{60} contém 20 hexágonos e 12 pentágonos. Todos os anéis estão fundidos e todas as ligações duplas estão conjugadas. Apesar da sua extrema conjugação, comportam-se química e fisicamente como alcenos deficientes em electrões em vez de sistemas aromáticos ricos em electrões [99].

3.1 Aplicações dos fulerenos

As propriedades físicas e químicas únicas destas novas formas de carbono levaram muitos cientistas a esperar várias aplicações tecnológicas e, por isso, têm sido objeto de intensa investigação, especialmente nos domínios da ciência dos materiais, da eletrónica e da nanotecnologia [100-102].

Além disso, a estrutura única da gaiola de carbono, associada a uma enorme margem de derivação e à baixa toxicidade, faz dos fulerenos um potencial agente terapêutico. Assim, foram apresentadas várias aplicações terapêuticas potenciais dos fulerenos, que incluem a atividade anti-HIV protease, a clivagem fotodinâmica do ADN, a eliminação de radicais livres, a ação antimicrobiana e agentes de diagnóstico [103-105].

No entanto, esta possibilidade enfrenta um problema significativo, ou seja, a repulsão natural dos fulerenos em relação à água [106]. Para ultrapassar esta limitação, estão a ser desenvolvidas várias metodologias. Estas incluem a síntese de derivados de fulerenos com um perfil de solubilidade modificado [107], o encapsulamento do C_{60} em ciclodextrinas [108] ou em calixarenos [109], polivinilpirrolidona [110] ou preparações em suspensão aquosa [111]. As discussões que se seguem analisam as várias aplicações biológicas dos fulerenos e dos seus derivados, classificadas com base nas suas actividades.

3.1.1 *Atividade antibacteriana*

Os heterociclos como os azóis, oxazóis, quinolonas, etc., são todos antimicrobianos bem conhecidos, pelo que a simples ligação covalente destas porções heterocíclicas com o C_{60} resultou numa excelente atividade antibacteriana [112, 113]. Este aspeto foi investigado com base na hipótese de que o $C60$ poderia causar uma rutura da membrana através da inserção em bicamadas fosfolipídicas da parede celular bacteriana. A consequente perturbação da membrana poderia levar à descarga de metabolitos e à morte celular. Ros e colaboradores desenvolveram derivados de fulerenos solúveis em água empregando diferentes aldeídos (*p-formaldeído* ou aldeído 3, 6, 9-trioxadecano) para sintetizar fulleropirrolidinas **(FPY1-FPY3)** substituídas por *N-mTEG* (m- TEG: monometoxitrietilenoglicol) e depois os seus correspondentes sais de amónio **(FPY4-FPY6)** por metilação [114-117]. Estes compostos registaram uma taxa de inibição significativa contra *Mycobacterium avium* e *M. tuberculosis*.

Observou-se que houve um aumento significativo da atividade antituberculosa inerente (estudada contra a estirpe *M. tuberculosis* (*H37RV*) da isoniazida através da conjugação com c60. **(Figura 15)** Os conjugados de c60 s-triazina também apresentaram uma atividade antibacteriana interessante **(Figura 16).**

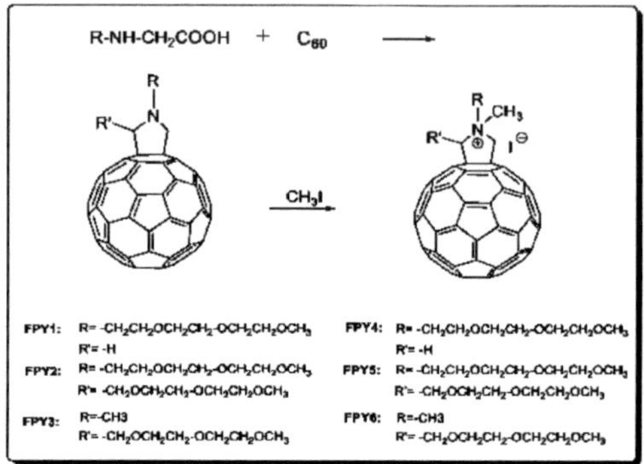

Figura 15. Antibacterianos desenvolvidos por T. Da Ros e colaboradores.

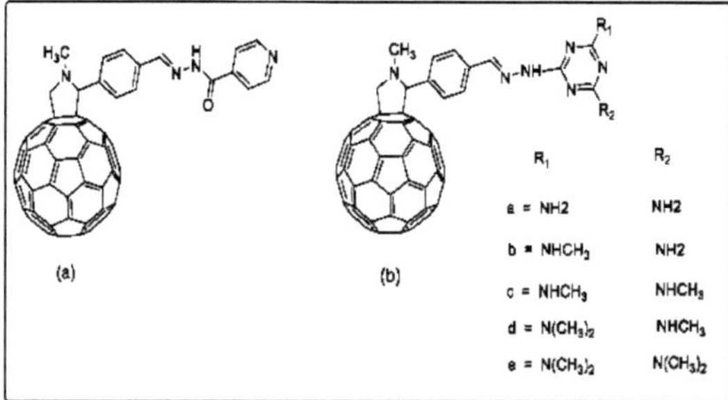

Figura 16. (a) e **(b)** Atividade anti-micobacteriana do conjugado fulereno-isoniazida e atividade antibacteriana dos derivados de fulereno s-triazina.

3.1.2 Clivagem do ADN

A fotoexcitação do fulereno constitui outra aplicação biológica potencial do c60 **(Figura 17).**

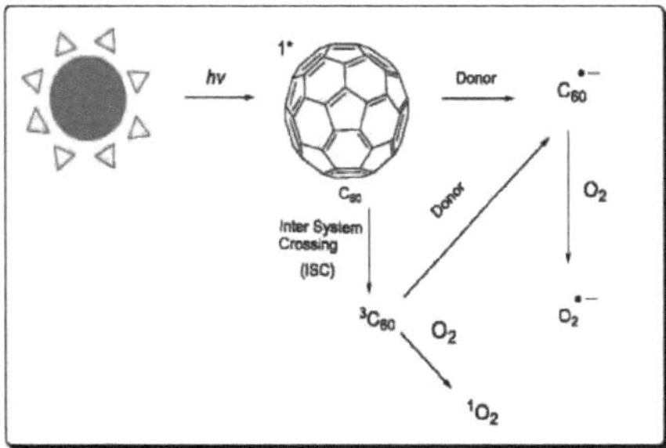

Figura 17. Geração de espécies reactivas de oxigénio (ROS) pelo fulereno fotoexcitado.

No estado fundamental, o fulereno pode ser excitado para[1] c60 por foto-irradiação. Esta espécie de vida curta é facilmente convertida no estado de vida longa[3] c60 através do cruzamento entre sistemas. Na presença de oxigénio molecular, o fulereno pode decair do seu estado tripleto para o estado fundamental, transferindo a sua energia para o o2, gerando[1] o2, que é conhecido por ser uma espécie altamente citotóxica. Além disso, as espécies de alta energia[1] c60 e[3] c60 são excelentes aceitadores e, na presença de um dador, podem sofrer um processo diferente, sendo facilmente reduzidas a **C60** ·- por electrões

transferência. Mais uma vez, na presença de oxigénio, o anião radical do fulereno pode transferir um eletrão, produzindo CK⁻ que, por sua vez, pode causar perturbações no ADN. Também foi referido que o fulereno excitado pode ser reduzido na presença da guanosina (G) presente no ADN. A hidrólise da G oxidada, seguida da clivagem do ADN, resulta na transferência de electrões da G para o c60* [118]. Por outro lado, o oxigénio singlete[1] o2 e o anião radical superóxido são espécies reactivas bem conhecidas em relação ao ADN. O[1] o2 modifica de facto o G por cicloadição da porção imidazol do c60, levando a uma rápida hidrólise alcalina da ligação fosfato do ADN.

O c60 e agentes específicos que interagem com o ácido nucleico, como a acridina [119], a netropsina [120] ou um oligonucleótido complementar [118,121], foram sintetizados com o objetivo de compreender os mecanismos de ação da classe de conjugados e de aumentar a citotoxicidade e a seletividade das sequências. Foram comunicados muitos derivados do fulereno que funcionam como intercaladores ou ligantes do sulco menor. No entanto, a clivagem do ADN ocorre no nucleósido G sem seletividade de sequência significativa [122]. Apenas quando o c60 foi ligado a um oligonucleótido, foi observada uma boa seletividade [121]. Neste contexto, com o objetivo de obter uma elevada seletividade de sequência, T.D. Ros *et al.* prepararam uma série de derivados do c60 (derivados de pligonucleótidos OLFPY fulleropyrrolidine) com um ligante de sulco menor e uma sequência de oligonucleótidos. A conceção racional do derivado OLFPY baseia-se num efeito reforçado devido à presença simultânea de dois agentes diferentes capazes de conferir seletividade à sequência, como o trimetoxiindol (TMI) e o oligonucleótido. O TMI pertence a uma classe de compostos naturais denominados duocarmicinas que possuem uma elevada citotoxicidade (intervalo pM, 72 horas de incubação para células de leucemia L 2010) e uma elevada seletividade para as regiões do ADN ricas em adenosina-timidina (AT) **(Figura 18).**

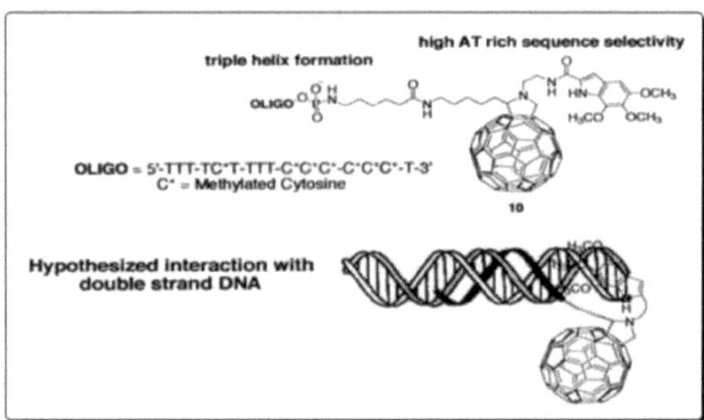

Figura 18. Interação do ADN com o conjugado de oligonucleótidos de fulereno desenvolvido por T. D. Ros e colaboradores.

Cuisong Zhou *et al.* apresentaram um composto de c60-porfirina solúvel em água para uma fotoclavagem altamente eficiente do ADN e um novo conjugado fulereno-lisina que cliva o ADN enrolado sob fotoirradiação na presença de NADH. **(Figura 19).**

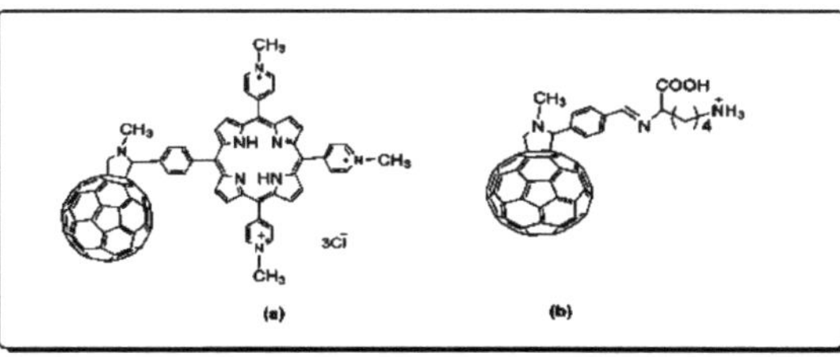

Figura 19. Clivagem de ADN fotoinduzida por **(a)** conjugados fulereno-porfirina **(b)** conjugados fulereno-lisina.

3.1.3 Atividade antiviral

O C_{60} e os seus derivados têm uma potencial atividade antiviral, o que tem fortes implicações no tratamento da infeção pelo VIH [122]. Foi demonstrado que os derivados de fulerenos podem inibir e formar complexos com a protease do VIH (VIH-PR). O derivado **1** do fulereno mostrou a maior atividade anti-protease, enquanto o derivado **2 (Figura 20)**, o isómero trans-2, é um forte inibidor da replicação do VIH-1.

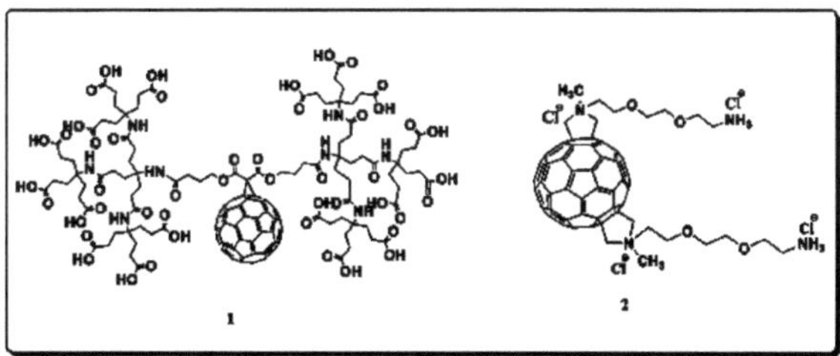

Figura 20. Atividade antiviral dos derivados do fulereno.

O estudo sugere que a posição relativa (trans-2) dos substituintes nos fulerenos e as cargas positivas perto da gaiola dos fulerenos aumentam a atividade estrutural antiviral [123,124].

As fulleropirrolidinas com dois grupos amónio foram consideradas activas contra o VIH-1 e o VIH-2 [125].

As posições relativas das cadeias laterais nos fulerenos têm uma forte influência na atividade antiviral. Foi sintetizada uma série de derivados de fulerenos para elucidar os parâmetros estruturais que afectam a atividade antiviral dos fulerenos. Os resultados revelam que os derivados de fulerenos trans são mais activos do que os cis, enquanto o equatorial é totalmente inativo. Os fulerenos derivatizados com duas ou mais cadeias laterais solubilizantes também se mostraram activos, quando testados em culturas de células CEM de linfócitos infectados com HIV-1 e HIV-2 [126].

Verificou-se que os derivados de aminoácidos do fulereno c_{60} (ADF) inibem a replicação do VIH e do citomegalovírus humano [127]. O mecanismo baseia-se na penetração dos ADF que transportam iões metálicos bivalentes através da bicamada lipídica dos lipossomas, inserindo-se nos domínios hidrofóbicos das proteínas e alterando as suas funções de enzimas ligadas à membrana. Por outro lado, os derivados de c_{60} insolúveis em água têm atividade antiviral contra vírus com envelope. Este efeito é atribuído à geração de oxigénio singlete e é igualmente eficaz em soluções que contêm proteínas.

A síntese e a caraterização de derivados de fulerenos como inibidores da enzima protease aspártica do VIH têm um grande potencial para o desenvolvimento de novos fármacos anti-VIH. O local ativo da HIV-PR é uma cavidade hidrofóbica cilíndrica (diâmetro ~10 A) que contém dois resíduos de aminoácidos, aspartato 25 e 125, cuja ligação provoca a supressão do corte da proteína e inibe a replicação viral. O estudo foi efectuado com um derivado de fulereno solúvel em água em células mononucleares do sangue periférico (PBMC). O modo de ação baseia-se em interações electrostáticas e/ou de ligação de hidrogénio das cadeias laterais do derivado de fulerenos com Asp25 e Asp125, como se mostra em [128] **(Figura 21)**.

Figura 21. Vista mais próxima do complexo HIV-1 PR-fulleropirrolona mostrando a ligação H entre os grupos NH2 ou NH_3^+ com Asp25 e 125.

3.1.4 Atividade antioxidante

Os fulerenos e os seus derivados orgânicos são considerados "esponjas de radicais", uma vez que são capazes de reter múltiplos radicais por molécula [129, 130]. Foi demonstrado que o C60 é um antioxidante mais eficaz do que o x-tocoferol (vitamina E) na prevenção da peroxidação lipídica induzida pelos radicais superóxido e hidroxilo [131]. [131] Além disso, as suspensões aquosas de C_{60} não só não apresentam toxicidade aguda ou subaguda em roedores, como também protegem as suas vidas de uma forma dependente da dose contra os danos causados pelos radicais livres [132]. Os fulerenos poli-hidroxilados [C_{60} (OH) $_n$] são também excelentes antioxidantes, capazes de reduzir os danos causados pelos radicais livres nos tecidos neuronais [133, 134]. O derivado de fulereno solúvel em água $C_{60}(ONO_2)_{7\pm2}$ atenua a lesão pulmonar induzida pela isquémia-reperfusão em ratos Wistar jovens devido às suas propriedades antioxidantes [135]. Os derivados do fulereno solúveis em água são capazes de proteger os queratinócitos da pele humana da irradiação UV, eliminando espécies reactivas de oxigénio [136, 137]. Estudos recentes indicam que os derivados dendríticos do C_{60} solúveis em água, especialmente os aniónicos, apresentam uma elevada atividade antioxidante contra os aniões superóxido [138] e que os aminoácidos derivados do fulereno também apresentam actividades antioxidantes potentes [139,140]. Os derivados do carboxifulereno foram também utilizados com êxito *in vivo* como fármacos protectores contra doenças neurodegenerativas relacionadas com o stress oxidativo [134,141-145]. Outro derivado promissor do fulereno é o dendro (60) fulereno-1 (DF-1). O derivado é caracterizado por uma arquitetura de dendrímero único ramificado que contém 18 grupos carboxílicos terminais ligados à esfera de fulereno. O DF-1 é facilmente solúvel em água, não é tóxico e possui efeitos radioprotectores [146, 147]. Estudos recentes indicam que o flavonoide fulereno C_{60} também apresenta actividades antioxidantes potentes [148]. (**Figura 22**)

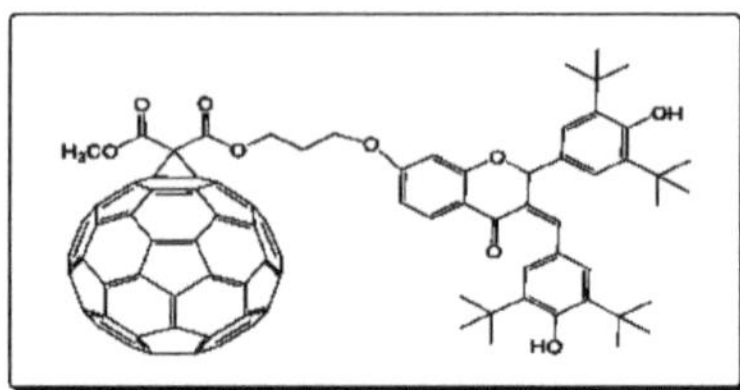

Figura 22. Flavonoide fulereno com atividade antioxidante.

3.1.5 Fullerenos na administração de medicamentos e genes

O transporte direto de fármacos e biomoléculas através da membrana celular para o interior das células tem merecido uma atenção crescente, o que tem colocado a tónica no desenvolvimento de transportadores eficazes e seguros para transportar genes ou fármacos. Os fulerenos são basicamente hidrofóbicos, mas, ao associar-lhes grupos hidrofílicos, tornam-se solúveis em água e são capazes de transportar fármacos e genes para a entrega celular. O fulereno derivado pode atravessar a membrana celular e ligar-se às mitocôndrias, como demonstrado por Foley e colaboradores [149]. Zakharian e colaboradores conceberam um sistema lipofílico de libertação lenta de fármacos que utiliza derivados de fulerenos para aumentar a eficácia terapêutica em culturas de tecidos. Os fulerenos quimicamente modificados têm potencial para fornecer um sistema lipofílico de libertação lenta e possuem uma atividade anticancerígena significativa em cultura de células, como demonstrado com o conjugado C60-paclitaxel. [150]. Rouse *et al.* sintetizaram um péptido à base de fulereno e observaram a sua capacidade de penetração através da pele flexionada e não flexionada [151]. Para este estudo, foi utilizada a pele de suíno como modelo da pele humana. Foi demonstrado que a flexão mecânica, que altera a organização estrutural da pele, aumenta a penetração ao comprometer a barreira de permeabilidade da epiderme. Além disso, os poliplexos preparados a partir de ADN e de derivados policatiónicos compactos globulares construídos em torno de um núcleo de hexa-aquis-aduto de fulereno mostraram capacidades notáveis de entrega de genes [152]. (**Figura 23)**

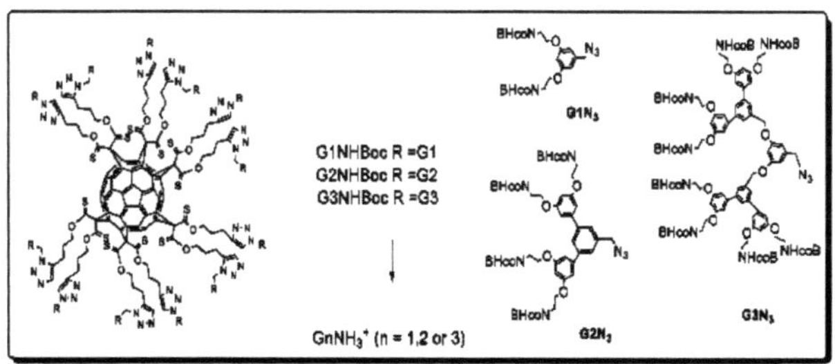

Figura 23. Hexa-aduto de fulereno com capacidade de entrega de genes.

3.1.6 Atividade anticancerígena

Nos últimos anos, o fulereno e os seus derivados têm sido considerados como um dos nanomateriais mais promissores devido às suas propriedades únicas que permitem uma variedade de aplicações medicinais.

Podem transportar medicamentos ou pequenas moléculas terapêuticas para as células cancerígenas. o C60 e os seus derivados são potenciais transportadores de fármacos para a quimioterapia local do cancro. A conjugação do derivado de C60 com fármacos anticancerígenos clinicamente muito eficazes tem sido considerada uma estratégia representativa do impacto das propriedades específicas do C60 para melhorar a formulação. Wilson e colaboradores sintetizaram um conjugado C60-paclitaxel como fármaco de libertação lenta para a administração de paclitaxel em lipossomas de aerossol para a terapia do cancro do pulmão. Os resultados sugeriram que o conjugado era semelhante ao paclitaxel livre em termos de potência antitumoral *in vitro* e era promissor para aumentar a eficácia terapêutica do paclitaxel *in vivo* [150]. A eficácia terapêutica *in vitro* do C60 incorporado no paclitaxel para a supressão do crescimento das células do cancro da mama MCF-7 foi comparada com a do abraxano, uma formulação de paclitaxel ligada a nanopartículas de albumina disponível no mercado. Os resultados demonstraram que os buckysomes incorporados com paclitaxel demonstraram uma eficácia semelhante à observada nos estudos de viabilidade celular com abraxano. Além disso, os buckysomes vazios não eram citotóxicos [153].

A doxorrubicina (DOX) é outro fármaco altamente eficaz na quimioterapia do cancro, que pode ser utilizado como sonda fluorescente auto-marcada na bioimagem e noutras investigações mecanicistas sobre a administração de fármacos, tendo sido preparada a conjugação com fulerenos para fins que vão desde a atenuação dos efeitos secundários tóxicos induzidos pela DOX [154-156] até à melhoria da administração do fármaco para aumentar a absorção celular e a seletividade das células cancerosas [157-159]. Notavelmente, os conjugados diferem frequentemente de forma significativa das moléculas de fármaco livres na absorção e distribuição celular, ou seja, o conjugado C60-DOX foi distribuído principalmente no citoplasma, significativamente diferente das moléculas de DOX livres (predominantemente no núcleo da célula) [159]. (**Figura 24)**

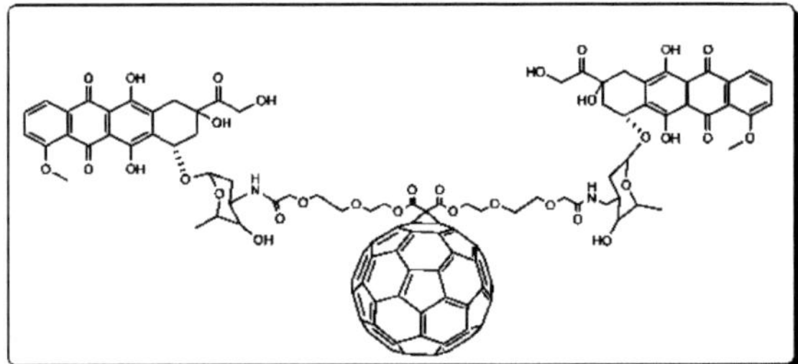

Figura 24. Atividade anticancerígena do conjugado fulereno-DOX.

Capítulo 4

4.0 Estudo computacional

A aplicação de métodos computacionais para estudar a formação de complexos intermoleculares tem sido objeto de intensa investigação durante a última década. É amplamente aceite que a atividade de uma molécula é obtida através da ligação molecular de uma molécula (o ligando) à bolsa de outra molécula, geralmente maior (o recetor), que é normalmente uma proteína. As moléculas apresentam complementaridade geométrica e química nas suas posições de ligação, sendo ambas importantes para o êxito da atividade do fármaco. O processo computacional de procura de um ligando capaz de se adaptar tanto geométrica como energeticamente ao local de ligação de uma proteína é designado por acoplamento molecular. O problema de acoplamento é análogo a um problema de planeamento de montagem em que as partes são delineadas por campos de força molecular e possuem milhares de graus de liberdade. O aspeto mais importante da modelação molecular é o cálculo da energia das conformações e interações. Esta energia pode ser calculada através de uma vasta gama de métodos, desde a mecânica quântica a funções de energia puramente empíricas. A precisão destas funções é geralmente proporcional aos seus recursos computacionais e à seleção do método de cálculo de energia adequado, que depende muito da aplicação. Os tempos de computação para diferentes métodos podem variar entre alguns milissegundos numa estação de trabalho e vários dias num supercomputador maciçamente paralelo. No contexto da acoplagem, as avaliações de energia são geralmente efectuadas com a ajuda de uma função de pontuação, que é uma parte crucial do processo de conceção de medicamentos com base na estrutura. Apesar da eficiência e da precisão da modelação geométrica do processo de ligação, sem boas funções de pontuação, é impossível obter soluções corretas. As duas principais caraterísticas de uma boa função de pontuação são a seletividade e a eficiência. A seletividade permite que a função distinga entre estruturas encaixadas corretamente e incorretamente e a eficiência permite que o programa de encaixe seja executado num período de tempo razoável.

Por outro lado, as simulações de dinâmica molecular (MD) são utilizadas para estudar quase todos os tipos de macromoléculas - proteínas, ácidos nucleicos e hidratos de carbono - de interesse biológico ou medicinal. As simulações baseiam-se em intervalos e resoluções espaciais e temporais.

As relações quantitativas estrutura-atividade (QSAR) correlacionam uma série de compostos químicos com afinidades dos ligandos aos seus locais de ligação, constantes de inibição, constantes de velocidade e outras actividades biológicas, quer com determinadas caraterísticas estruturais (análise de Free Wilson), quer com propriedades atómicas, de grupo ou moleculares, como a lipofilicidade, a polarizabilidade, as propriedades electrónicas e estéricas (análise de Hansch). As equações QSAR têm sido utilizadas para descrever milhares de actividades biológicas em diferentes séries de medicamentos e candidatos a medicamentos. Os dados relativos à inibição enzimática, em especial, foram correlacionados com êxito com as propriedades físico-químicas das pequenas moléculas. Em certos casos, quando as estruturas de raios X das proteínas ficaram disponíveis, os resultados dos modelos de regressão QSAR puderam ser interpretados com a informação adicional das estruturas tridimensionais. Após um desenvolvimento gradual de abordagens QSAR 3D baseadas em grelha, em 1988, foi desenvolvido o método de análise comparativa de campos moleculares (CoMFA), que constituiu o primeiro verdadeiro modelo de regressão QSAR 3D. método QSAR. Nas últimas décadas, muitas aplicações bem sucedidas do CoMFA provaram o valor deste método, especialmente nos casos em que os métodos QSAR clássicos falham. Em contraste com a análise Hansch ou Free Wilson, o CoMFA é mais adequado para descrever as interações ligando-recetor, uma vez que considera as propriedades dos ligandos nas suas conformações bioactivas. Como resultado de uma análise CoMFA, são identificadas regiões no espaço que são favoráveis ou desfavoráveis à interação ligando-recetor.

4.1 Pesquisa bibliográfica

É feita uma revisão da literatura sobre os estudos computacionais efectuados até à data sobre o calixareno e os fulerenos funcionalizados.

4.1.1 Calixareno

São conhecidos vários exemplos de derivados do calixareno que têm a capacidade de interagir com moléculas de interesse biológico [160,161]. Hamilton concebeu derivados do calixareno capazes de se ligarem a superfícies proteicas e de bloquearem interações proteína-proteína biologicamente importantes [162-164]. Foi observada uma inibição significativa do crescimento tumoral e da angiogénese no tratamento de ratinhos nus portadores de tumores humanos com derivados de peptido calix[4]areno que têm a capacidade de se ligar seletivamente à proteína do fator de crescimento derivado das plaquetas (PDGF) [164]. Francese *et al.* (2010) demonstraram um reconhecimento da superfície do ácido transglutâmico tecidular e microbiano por diversómeros peptídicos de calix[4]areno [165]. Mecca *et al.* (2006) demonstraram a inibição competitiva da triptase humana recombinante por derivados maiores de calix[8]areno [166]. Os ligandos multivalentes à base de calixareno desempenham um papel importante na ligação e inibição das lectinas, na condensação do ADN e na transfecção celular [167].

Chini *et al.* (2010) conceberam inibidores da enzima histona desacetilase (HDAC) com calix[4]arenos como suporte, utilizando uma abordagem de acoplamento molecular [168]. O calix[4]areno pré-organizado na conformação de cone apresenta grupos propoxi na sua borda endo, enquanto vários grupos funcionais na sua borda exo servem como ligantes do grupo cap. (**Figura 25).**

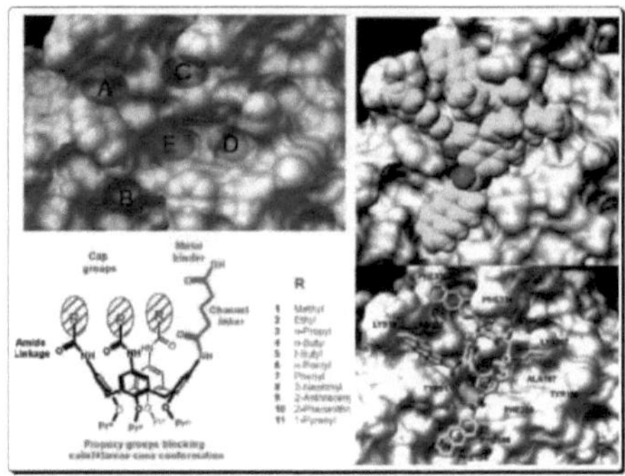

Figura 25. Painel esquerdo: As bolsas hidrofóbicas (designadas por A, B, C e D) e o sítio de ligação do Zn^{2+} (E) na superfície da proteína semelhante à histona desacetilase (HDLP). (Em baixo) Caraterísticas estruturais dos derivados de calix[4]areno candidatos à inibição da HDAC. **Painel da direita:** Modo de ligação putativo do amidocalix[4]areno (specefill: em cima; wireframe: em baixo) no local de ligação da HDLP.

Cherenok *et al.* (2012) demonstraram que o (RS)-calix[4]areno-bis-a-hidroximetilfosfonato é um ligante eficiente da *glutationa-S-transferase* e exploraram o seu possível modo de ligação (**Figura 26**) [169].

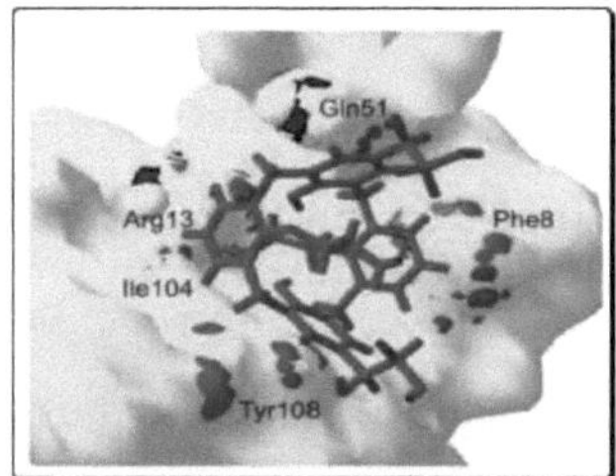

Figura 26. O possível modo de ligação do (RS)-calix[4]areno-bis-a-hidroximetilfosf onato no sítio ativo da *glutationa-S-transferase*.

O docking molecular também facilitou o estudo da formação de complexos superamoleculares e da sua estabilidade relativa. Korchowiec *et al.* (2010) [170]. Efectuaram a modelação molecular de ligandos livres e de complexos de catiões metálicos, o que permitiu uma interpretação fiável dos resultados experimentais em termos de rearranjo conformacional destas moléculas após a complexação e da estabilidade dos complexos formados (**Figura 27**).

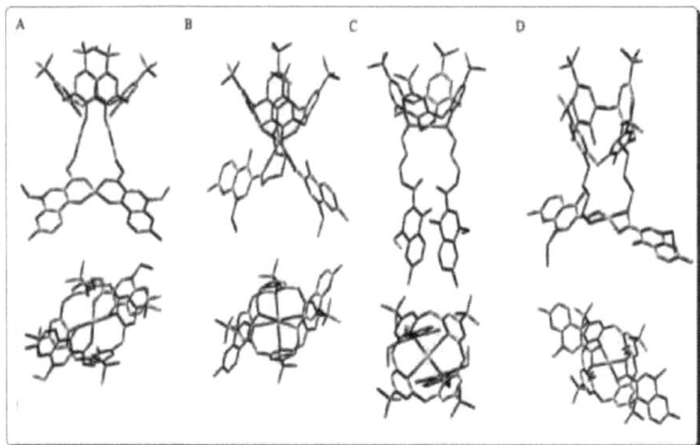

Figura 27. Vistas lateral e superior de quatro estruturas diferentes de Li+-calix II localizadas ao nível B3LYP/6-31G* da teoria. O ião metálico Li está representado a amarelo.

Menimi *et al.* (2001) demonstraram a complexação da proteína albumina de soro bovino (BSA) (**Figura 28a**) [171] com *para-sulfonato-calix*[n]arenos por meio de espetrometria de massa com ionização por electrospray (ESI-MS), dispersão dinâmica da luz (DLS) e microscopia de força atómica (AFM), respetivamente. Mostraram que a força das interações entre o calixareno e a BSA é inversamente proporcional ao tamanho do anel macrocíclico (n=4 > n=6 >> n=8) e demonstraram a interação através de estudos de docking. Afirma-se também que existe uma boa concordância entre as energias de interação e as constantes de associação estudadas experimentalmente a partir de dados ESIMS.

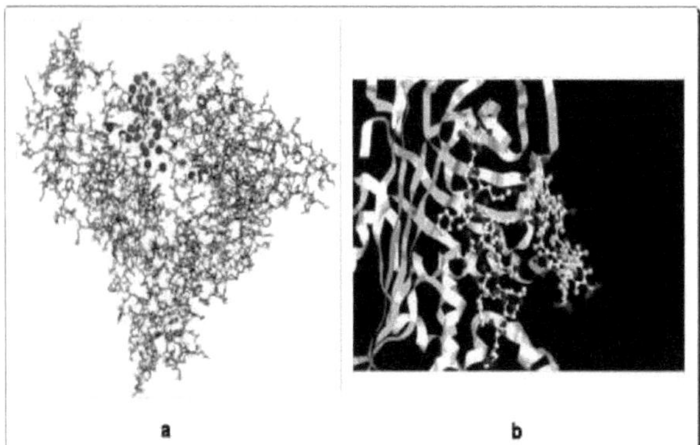

Figura 28. (a) Modelo molecular da albumina sérica humana mostrando os resíduos catiónicos lisina e arginina (esferas azuis) e a sua interação com os grupos sulfonato da molécula de calixareno (esferas verdes) **(b)** Modelação da interação entre o local de ligação da HC II e o *para-sulfonato-calix*[8]areno.

Da Silva *et al.* (2005) demonstraram a potência dos *p-sulfonato-calix*[n]arenos e dos derivados *seis-o-mono* substituídos para a atividade anticoagulante. Mostraram que *o p-sulfonato-calix*[8]-areno tem um prolongamento significativo do tempo de tromboplastina parcial activada (APTT) e tentaram esclarecer computacionalmente a sua interação molecular, para a qual foi realizado um estudo de acoplamento para colocar o moledock nos locais activos da antitrombina (AT) e do cofator II da heparina (HC II) [172] (**Figura 28b**).

Existem várias publicações que tratam da otimização da geometria do calixareno e dos seus derivados funcionalizados. As técnicas de modelação molecular permitiram aos químicos medicinais compreender a interação entre diferentes classes de derivados de antibióticos e as membranas lipídicas. Os dados da literatura indicam que alguns derivados do calixareno com actividades antimicrobianas podem ser úteis como fármacos, sendo concebidos como possíveis transportadores de fármacos [173]. Salem *et al.* (2001) enxertaram calixareno com ácido 6-aminopenicilânico através de ligações amida na conformação cónica do 1,3-bis(o-acetil)-*p-terc-butilcalix*[4]areno em posições alternadas (calix I) [173]. Além disso, diferentes penicilinas e antibióticos do grupo das quinolinas, incluindo o ácido nalidíxico, foram enxertados com êxito no *p-tert-butilcalix*[4]areno através de ligações éster [174].

Korchowiec *et al.* (2007) [175] consideraram anfifílicos lipossolúveis, ou seja, três derivados p-lactâmicos *de p-tert-butil* calix[4]areno, para obter um conformador de energia mais baixa e estudaram a sua miscibilidade com películas de 1,2- dimiristoil-glicerol-3-fosfoetanoloamina (DMPE) (**Figura 29**). As estruturas geométricas do cone como a coroa de calixareno e as porções de penicilina foram optimizadas independentemente utilizando o nível semiempírico da teoria (AM1).

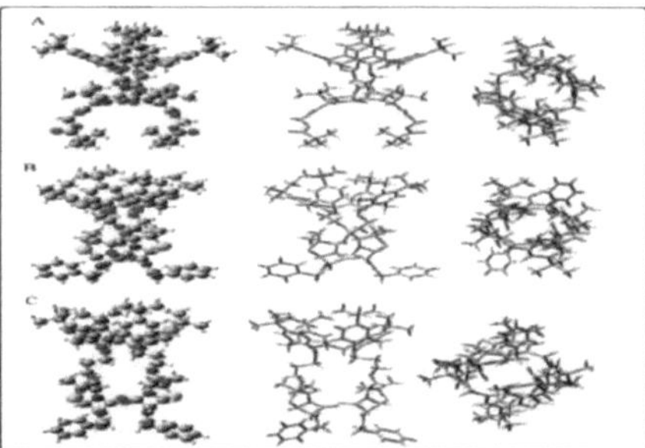

Figura 29. Estruturas optimizadas da p-lactama p-tert-butilcalix[4]areno em várias conformações: Calix I (A), Calix II (B) e Calix III (C). Coluna da esquerda e do meio, vista lateral; coluna da direita, vista superior.

Os fragmentos mais pequenos optimizados foram depois montados para produzir (sistemas calix I, II e III). As energias totais destas estruturas optimizadas foram calculadas utilizando o pacote Gamess[176] e mostraram que os calix I, II e III preferem a forma geométrica de coluna. No calix I, as duas ligações amida estão ligadas por H através dos átomos de N e O dos grupos amida. A ligação H intersubstituinte, nomeadamente os dois oxigénios do carbonilo do p-lacto, foi ligada por H aos nitrogénios do ligante amida nas conformações do calix II e III, como demonstrado por Scherlis e Marzari [177].

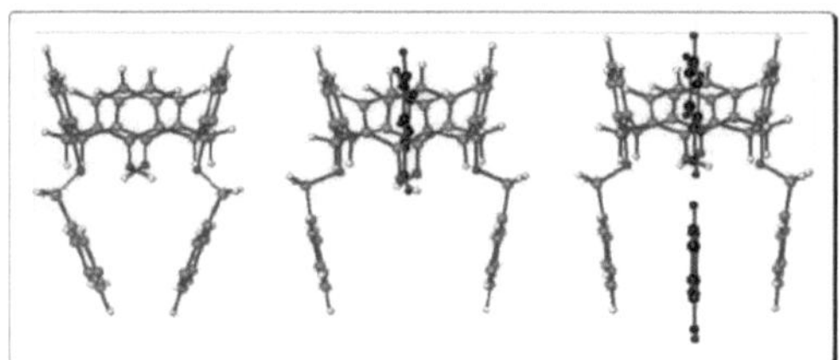

Figura 30. A conformação de equilíbrio do complexo hospedeiro-anfitrião do complexo calixareno-fenol determinada por cálculos de química quântica ao nível ab initio PCM/B3LYP/6- 31++G (d, p).
(a). calixareno (hospedeiro),
(b). complexo calixareno-fenol com estequiometria 1:1 e **(c).** complexo calixareno-fenol com estequiometria 1:2.

A termodinâmica da formação de complexos de alguns hospedeiros de calix[4]areno com convidados fenólicos naturais foi estudada por Kunsagi-Mate et al. (2007) para melhorar a seletividade da molécula de fenol detectora. A conformação de equilíbrio destes complexos hospedeiro-hóspede foi determinada por cálculo quântico-químico ao nível ab intio PCM/B3LYP/6-31++G (d, p) utilizando os pacotes Hyperchem Professional [178] e Gaussian 03 [179]. Uma vez que a energia livre de Gibbs da formação do complexo é relativamente pequena, o resultado é uma estabilidade relativamente baixa do complexo. Esta entropia inesperada pode ser causada pela reorientação das moléculas de solvente em torno do bloco de construção do calixareno, o que pode facilitar as forças dispersivas entre as moléculas de soluto e de solvente [180] (**Figura 30**).

Venkataraman *et al.* (2008) [181] investigaram a absorção de hidrogénio do p-tert-butilcalixareno [LTBC] funcionalizado com Li, utilizando a teoria do funcional da densidade (DFT). A energia média de ligação para a molécula de H é aumentada pela ligação com átomos de Li, com 4 moléculas de H por cavidade de calixareno, produzindo uma densidade gravimétrica aproximada de 10% em peso (**Figura 31**). A dinâmica molecular ab initio verificou a estabilidade da ligação H do LTBC e concluiu que é estável até 200K.

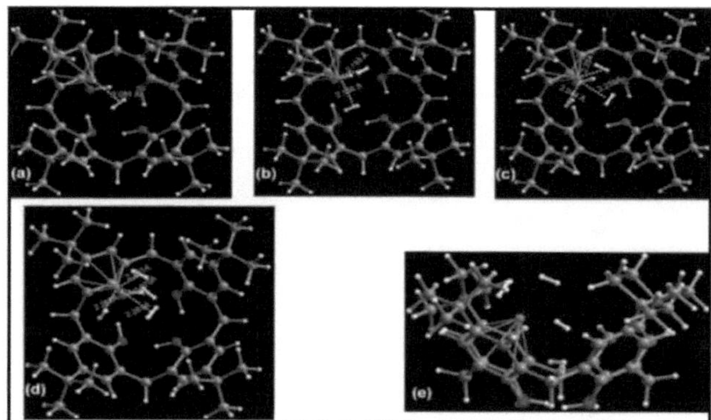

Figura 31. Geometrias optimizadas de p-tert-butilcalixareno [LTBC] funcionalizado com Li, juntamente com comprimentos de bongos importantes (em A) que estabelecem contactos com átomos de H em vistas superiores: **(a)** 1 átomos de H, **(b)** 2 átomos de H, **(c)** 3 átomos de H e **(d)** 4 átomos de H. **(e)** Vista lateral do LTBC com 4 átomos de H.

4.1.2 Fulereno

Foi utilizada uma série de monoaductos e bisaductos de derivados do fulereno concebidos experimentalmente e por computador para compreender a afinidade de ligação entre os inibidores à base de fulereno e a enzima protease (PR) do VIH-1. Existe uma relação espacial complementar entre o fulereno e o local ativo da PR do VIH-1, o que sugere que os análogos do fulereno podem ter uma utilização terapêutica potencial como inibidores eficazes da PR do VIH-1 [182, 183]. Vários grupos de investigação estudaram as interações de ligação dos derivados do fulereno no sítio ativo da PR do VIH-1 e examinaram-nas utilizando uma combinação de várias técnicas de modelização molecular [184,185]. Lee *et al.* (2007) e Friedman *et al.* (1998) [184,185] referiram um modo de ação competitivo e estudaram a sua cinética de ligação na presença de vários fulerenos solúveis em água. Durdagi *et al.* 2008 desenvolveram uma abordagem de simulações de acoplamento assistida por Dinâmica Molecular (MD) para compreender a preferência de ligação dos derivados de fulerenos de forma eficaz e previram a energia livre de ligação [186]. O sítio ativo da PR do VIH-1 é aproximadamente uma cavidade hidrofóbica cilíndrica de extremidade aberta com 10 A.

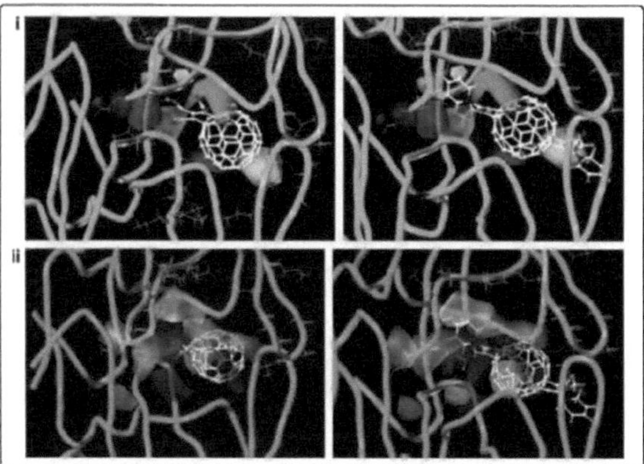

Figura 32. (a) Mapas de contorno estérico/eletrostático CoMSIA do composto modelo 23 (esquerda) e 36 (direita). Os mapas de contorno são codificados por cores da seguinte forma: Áreas estericamente favorecidas - verde, áreas estericamente desfavorecidas - amarelo, áreas potencialmente favorecidas - azul e áreas potencialmente desfavorecidas - vermelho. **(b)** Mapas de contorno CoMSIA do dador de ligações H/aceitador de ligações H dos compostos 23 e 36.

Um dos principais inconvenientes deste estudo QSAR foi a escassez de moléculas para desenvolver um modelo QSAR eficaz. Para ultrapassar esta limitação, Durdagi *et al.* (2008) (**Figura 32**) conceberam computacionalmente 49 derivados de fulereno com um andaime de 1,3-ciclohexadieno, de acordo com a rota sintética proposta por An *et al.* 1995 [187]. Uma vez que a metodologia QSAR requer exclusivamente afinidades de ligação experimentais para utilizar como variável dependente na criação de modelos, utilizaram a abordagem de acoplamento molecular em vez de síntese e ensaios enzimáticos para prever a afinidade de ligação. O algoritmo de acoplamento molecular FlexX [188] do pacote de modelação molecular Sybyl [189] foi utilizado para calcular as afinidades de ligação (K_i) através desta fórmula:

$$\Delta G = - RT \ln K_i$$

Onde, ΔG = energia livre de ligação, R= constante de Boltzmann, T= temperatura absoluta.

O estudo CoMSIA-3D QSAR sugeriu a importância das contribuições estéricas (42,6%), electrostáticas (12,7%), doadoras de ligações H (16,7%) e aceitadoras de ligações H (28,0%) na determinação da atividade biológica. Este modelo baseou-se no conjunto de dados combinado com inibidores do HIV-1PR conhecidos experimentalmente e inibidores concebidos computacionalmente, tendo sido depois dividido num conjunto de treino com 43 moléculas, enquanto 6 moléculas foram tratadas como conjunto de teste. Este procedimento produziu um modelo QSAR estatisticamente significativo com

coeficiente de correlação de validação cruzada, q^2 de 0,739 com coeficiente de correlação interna r^2 de 0,993.

Toropova *et al.* (2009) estabeleceram um estudo QSAR sobre inibidores do HIV-1 PR baseados em fulerenos através de descritores óptimos baseados em SMILES (sistema simplificado de entrada de linha de entrada molecular). Tradicionalmente, as estruturas moleculares eram elucidadas por gráficos moleculares que, por sua vez, eram desenvolvidos por matrizes de adjacência para utilização em estudos QSPR (relação quantitativa estrutura-propriedade) e QSAR. No entanto, o gráfico molecular de um nanomaterial pode exigir uma matriz de adjacência extremamente grande. A notação SMILES constitui uma alternativa conveniente ao gráfico molecular na análise QSPR/QSAR [190,191].

Os modelos QSAR resultantes foram:

pEC_{50}= -31,607 + 0,1247 x DCW .... **equação (1)**

Onde DCW representa o limiar do peso de correlação de s_k, um símbolo na notação SMILES. Os autores propuseram uma partição do conjunto de dados nas 3 categorias seguintes com parâmetros estatísticos significativos.

Subconjunto de treino n=8, r^2 =0,9058, q^2 =0,8456, s=0,3572, F=58

Conjunto de calibração n=7, r^2 = 0,5232, R_m^2 =0,1321, s=1,27,   F=5

Conjunto de teste n=5, r^2 =0,9919, R_m^2 =0,9619, s=0,175, F=367

$R_m^2 = r^2 \times (1 - \sqrt{r^2 - r_o^2})$ proposto por Roy P.P. e Roy K [192].

Também compararam o esquema clássico (sistema de treino-teste) e o equilíbrio de correlações (sistema de subtreino-calibração-teste) e mostraram que o equilíbrio de correlações dá previsões mais robustas do que o esquema clássico para a pEC_{50} dos derivados de fulereno, como se pode ver no gráfico de dispersão (**Figura 33**).

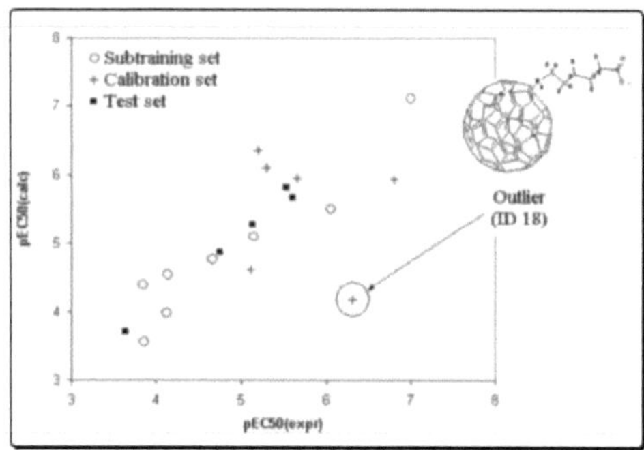

Figura 33. Gráfico de dispersão do pEC_{50} experimental vs previsto pelo modelo QSAR baseado em SMILES.

Para obter mais informações sobre os estudos mecanicistas da molécula comunicada e para compreender melhor as suas perspectivas biológicas, foram efetivamente exploradas abordagens computacionais utilizando metodologias e tecnologias de ponta. A abordagem de acoplamento molecular ajuda-nos a estudar a interação física de duas moléculas com detalhes energéticos, enquanto os estudos de relação quantitativa estrutura-atividade (QSAR) relacionam a estrutura química com as actividades biológicas observadas e tentam prever as actividades biológicas de compostos semelhantes ou relacionados. Dinâmica molecular (MD)

A simulação fornece detalhes do comportamento do sistema molecular dependente do tempo. As moléculas sintetizadas apresentadas nesta tese foram submetidas a uma extensa análise computacional.

Capítulo 5

5.0 Objetivo e âmbito

Neste livro, há um grande número de relatórios em que calixarenos e fulerenos funcionalizados foram estudados quanto à sua atividade biológica. Mas há muito poucos relatórios em que a hidrofobicidade da porção de calixareno e fulereno foi combinada com a atividade antimicrobiana de heterociclos como o oxadiazol, o tiadiazol, as quinazolinonas e as quinolinas. Um aumento da hidrofobicidade das moléculas heterocíclicas resultará numa maior penetração na parede celular bacteriana lipídica e, consequentemente, numa maior atividade antimicrobiana.

Além disso, a capacidade dos fulerenos para clivar o ADN por exposição à luz abre uma área de investigação interessante. Sabe-se que as triazinas têm uma forte afinidade com os ácidos nucleicos, pelo que pretendemos explorar a eficiência da clivagem do ADN por fulerenos derivatizados com uma porção de triazina. Presumimos que a parte triazina irá interagir com o ADN de forma eficiente e que a parte fulereno irá gerar oxigénio singlete, resultando numa clivagem eficiente do ADN.

Além disso, foi também explorada a capacidade do p-sulfonatocalix[4]resorcinareno para formar complexos de inclusão com moléculas de fármacos hidrofóbicos. *O p-sulfonatocalix*[4]resorcinareno é uma molécula hospedeira interessante devido à presença de uma cavidade altamente hidrofóbica e de uma substituição hidrofílica que resulta num composto solúvel em água capaz de encapsular moléculas não polares na cavidade. Esta propriedade do calix[n]areno foi investigada exaustivamente para melhorar a biodisponibilidade e a propriedade de dissolução de vários fármacos [88]. Este facto levou-nos a estudar o complexo de inclusão de um fármaco pouco solúvel, a lamotregina (LMN), com p-sulfonatocalix[4]resorcinareno. Prevemos que o complexo de inclusão tenha propriedades físico-químicas diferentes das do fármaco isolado.

Para compreender melhor a interação da molécula do fármaco com os derivados funcionalizados de calixareno e fulereno, tencionamos também realizar estudos de dinâmica molecular. Também propusemos outros estudos computacionais, como a metodologia de acoplamento ADN-ligante, acoplamento molecular e modelação de homologia, abordagem de acoplamento molecular e máquina de vectores de apoio (SVM), um algoritmo de aprendizagem artificial de máquinas, estudos 3D-QSAR utilizando a análise de campo molecular do vizinho mais próximo (kNN-MFA). Todos estes métodos ajudarão a compreender a atividade antibacteriana, anti-VIH, anti-malária e o mecanismo de clivagem do ADN.

Referências

K. L.Wolf, H. Frahm, H. Harms, *J. Phys. Chem.* B, **1937**, 36, 237.

F. Vogtle, *Supramoleculare Chemie*, Teubner, Stuttgart, **1992.**

J. M. Lehn, Supramolecular Chemistry, *Verlag Chemie*, Weinheim, **1995**.

H. J. Schneider, A. Yatsimirsky, Principle and Methods in superamolecular chemistry, *J. Wiley*, New York, **2000.**

J. W. Steed, J. L. Atwood, Supramolecular chemistry, *J. wiley*, New York, **2000.**

J. M. Lean, *Pure Appl. Chem.,* **1979**, 50, 871.

D. J. Cram, *Angew Chem. Int. Ed.* **1988**, 27, 1009.

V. Baeyer, A. Berlim, **1872**, 5, 25.

C. D. Gutsche, B. Dhawan, K. H. No, R. Muthukrish- nan, *J. Am. Chem. Soc.*, **1981**, 103, 3782.

C. D. Gutsche, M. Iqbal, *Org. Synth.* **1990**, 68, 234.

C. D. Gutsche, B. Dhawan, M. Leonis, D. Steward, *Org. Synth.,* **1990**, 68, 238.

J. H. Munch, C.D. Gutsche, *Org. Synth.,* **1990**, 68, 243.

L. M. Tunstad, J. A. Tucker, E. Dalcanale, J. Weiser, J. A. Bryant, J. C Sherman, R. C. Helgeson, C. B. Knobler, D. J. Cram, *J. Org. Chem.*, **1989**, 54 , 13051312.

C. D. Gutsche, *Acc. Chem. Res.*, **1983**, 16, 161.

D. R. Stewart, C.D. Gutsche, *J. Am. Chem. Soc.*, **1999,** 121, 4136.

C. D. Gutsche, Calixarenes, *Royal Society of Chemistry* (Ed.: J.F. Stoddart), Cambridge, **1989**.

T. Yamato, K. Kumamaru, e H. Tsuzuki, *Can. J. Chem*, **2001**, 79, 1422.

J. E. McMurry, J. C. Phelan, *Tetrahedron Lett.* **1991**, 32, 5655.

C. D. Gutsche, *Tetrahedron*, **1983**, 39, 409.

S. Kanamathareddy, C. D. Gutsche, *J. Am. Chem. Soc.,* **1993**, 115, 6572.

H. Otsuka, Y. Suzuki, A. Ikeda, K. Araki, S. Shinkai, *Tetrahedron,* **1998**, 54, 423.

C. D Gutsche, Calixarene- A Versatile Class of Macrocyclic Compound, J. Vicens, V, Bohmer ,(Eds.), *Kulwer Academic publishers*, Dordercht, **1990,** 3, 37.

C. D. Gutsche, J. A. Levine, P. K. Sujeeth, *J. Org. Chem.*, **1985,** 50, 5802.

M. Conner, V. Janout, S. L. Regen, *J. Org. Chem.*, **1992,** 57, 3744.

A. Arduini, A. Pochini, A. R. Sicuri, A. Secchi, R. Ungaro, *Gazz. Chim. Ital.*, **1994,** 124, 129.

(a) S. Kumar, N. D. Kurur, H. M. Chawla, R. Varadarajan, *synthetic communications*, **2001**, 31, 775. (b) V. Willem, D. Alex, J. M. Richard, Z. A. Asfari, Egberink, N. D. Reinhoudt, *J. Org. Chem*, **1992**, 57, 1313.

E. D. Silva, F. Nouar, M. Nierlich, B. Rather, M.J. Zaworotko, C. Barbey, A. Navaza, A.W. Coleman, *Cryst. Eng.*, **2003**, 6, 123.

Y. Morzherin, D. M. Rudkevich, W. Verboom, D. N. Rempoudt, *J. Org. Chem.*, **1993**, 58, 7602.

S. Shinkai, T. Nagasaki, K. Iwamoto, A. Ikeda, G. X. He, T. Matsuda, Iwamoto, M. Bull, *Chem. Soc. Japan.* **1991**, 64, 381.

M. Almi, A. Arduini, A. Casnati, A. Pochini, R. Ungaro, *Tetrahedron*, **1989**, 45, 2177.

C. D. Gutsche, I. Alam, *Tetrahedron.* **1988**, 44, 4689.

C. D. Gutsche, K. C. Nam, *J. Am. Chem. Soc.*, **1988**, 110, 6153.

W. Verboom, A. Durie, R. J. M. Egberink, Z. Asfari, D. N. Reinhoudt, *J. Org. Chem.* **1992**, 57, 1313.

J. L. Atwood, L. J. Barbour, A. P. Jerga, *Natl. Acad. Sci.* USA, **2002**, 99, 4837.

J. D. Van loon, J. F. Heida, W. Verboom, D. N. Reinhoudt, *Recl. Trav. Chim. Pays- Bas*, **1992**, 111, 353.

A. Arduini, A. Pochini, A. Rizzi, A. R. Sicuri, F. Ugozzoli, R.Ungaro, *Tetrahedron,* **1992**, 48, 905.

(a) J. W. Steed, J. L. Atwood, "Supramolecular Chemistry, *John Wiley & sons*, **2000**. (b) J. M. Lehn, *Supramolecular Chemistry: Concepts and Perspectives*, Weinheim: VCH. **1995**.

V. Bhomer, A. Shivanyuk, "*Calixarenes in selfassembly phenomena*", *em Calixarenes in Action*, L. Mandolini e R. Ungaro, Eds., *Imperial College Press*, Londres, Reino Unido, **2000**, 203.

Z. Asfari, V. Bohmer, J. Harrowfield, J. Vicens, Johannes Gutenberg-Universitat, Mainz, Alemanha, *Kluwer Academic Publishers,* **2001**.

Y. Morzherin, D. M. Rudkevich, W. Verboom, D. N. Reinhoudt, *J. Org. Chem.*, **1993**, 58,7602.

(a) G. Gansey, W. Verboom, D. N. Reinhoudt, *Tetrahedron Lett.*, **1994**, 35, 7127. (b) S. Shinkai, H. Kawabata, T. Matsuda, H. Kawaguchi, *Bull. Chem. Soc.*, **1990**, 63, 1272.

A. Ikeda, S. Shinkai, *Chem. Rev.*, **1997**, 97, 1713.

G. McMahon, S. OMalley, K.Nolan, e D. Diamond, *Arkivoc,* **2003**, 23.

W. Sliwa, *Croatica Chemica Ata*, **2002**, 75, 131.

K. Iwamoto, K. Araki, e S. Shinkai, *Tetrahedron.* **1991**, 47, 4325.

S. K. Sharma, C. D. Gutsche, *J. Org. Chem.* **1996**, 61, 2564.

T. E. Clark, M. Makha, A. N. Sobolev, D. Su, H. Rohrs, M. L. Gross,

C. L. Raston, *New J. Chem*, **2008,** 32,1478-1483.

S. Bozkurta, M. Durmaza, M. Yilmaza, A. Sirit, *Tetrahedron*, **2008,** 19, 618.

P. G. Sutariya, A. Pandya, V. A. Rana, S. K. Menon, *Liquid Crystals*, **2012**, 1-10.

Y. S. Thakare, S. M. Khopkar, D. D. Malkhede, *Indian J. Chem. Technol.*, **2012,** 19.

S. K. Menon, N. R. Modi, B. Patel e M. B. Patel, *Talanta*, **2011**, 83, 1329-1334.

J. Dessingou, K. Tabbasum, A. Mitra, V. K. Hinge, C. P. Rao, *The J. Org. Chem.*, **2012**, 77, 1406-1413.

K. V. Joshi , B. K. Joshi , A. Pandya , P. G. Sutariya ,S. K. Menon , *Analyst*, **2012**, 137, 46474650.

V. I. Kalchenko, S. O. Cherenok, S. O. Kosterin, E. V. Lugovskoy, S. V. Komisarenko, A. I. Vovk, V. Y. Tanchuk, L. A. Kononets e V. P. Kukhar, Fósforo, Enxofre e Silício e Elementos Relacionados, **2012**.

B. Tabakci, M. Yilmaz e A. D. Beduk, *J. Appl. Polym. Sci.*, **2012**, 125, 1012-1019.

B. Mokhtari, K. Pourabdollah, *J. Chil. Chem. Soc.*, **2012,** 57, 1150-1154.

J. W. Cornforth, P.D. Hart, G.A. Nicholls, R.J. Rees, J. A. Stock, *Br. J. Pharmacol. Chemother.* **1955,** 10, 7388.

R.V. Rodik, V.I. Boyko, V.I. Kalchenko, *Curr. Med. Chem.,* **2009,** 16, 1630-1655.

A. Fátima, S.A. Fernandes, A.A. Sabino, *Curr. Drug Discov. Technol.* **2009,** 6, 151-170.

W. Anthony, C. Loris, G. Baggetto, A. Nicoleta, L. Mickael, H. Michaud, S. Magnard, Patente dos EUA 20100056482, 7 de outubro de 2010.

A. D. Martin , R. A. Boulos , L. J. Hubble , K. J. Hartlieb e C. L. Raston, *Chem. Commun.*, **2011,**47, 7353-7355 .

K. Wang , D.S. Guo , X. Wang , Y. Liu, *ACS Nano*, **2011**, 5 , 2880-2894.

G. S. Wang, H.Y. Zhang, F. Ding, Y. Liu, *J. Inclusion Phenom. Macrocyclic Chem.*, **2011**, 69, 85-89.

C. Weeden, K. J. Hartlieb, L. Y. Lim, *J. Pharm. Pharmacol.*, **2012,** 64, 1403-1411.

M. J. Colston, H.C. Hailes, E. Stavropoulos, A. C. Herve, G. Herve, K.J. Goodworth, A.M. Hill, P. Jenner, P.D. Hart, R.E. Tascon, *Infect. Immun.* **2004,** 72, 6318-6323.

J. V. de Assis, M. G. Teixeira, C. G. P. Soares, J. F. Lopes, G. S. L. Carvalho, M. C. S. Lourenço, V. Mauro, de Almeida, W. B. d.

Almeida, A. F. Sergio, *Eur. J. Pharm. Sci.,* **2012**,47, 539-548.

M. Mourer, H. M. Dibama, P. Constant, M. Dafféb, J.B. Regnouf-de-Vains, *Bioorg. Med. Chem.*, **2012,** 20, 2035-2041.

(a) M. Dudic, A. Colombo, F. Sansone, A. Casnati, G Donofrio, R Ungaro, *Tetrahedron* **2004**, 60, 11613. (b) F. Sansone, M. Dudic, G. Donofrio, C. Rivetti, L. Baldini, A. Casnati, S. Cellai, R. Ungaro, *J. Am. Chem. Soc.* **2006**, 128, 14528. (c) V. Bagnacani, F. Sansone, G. Donofrio, L. Baldini, A Casnati, R.Ungaro, *Org. Lett.* **2008**, 10, 3953.

(a) A. B. Salem, J.B. Regnouf-de-Vains, *Tetrahedron Lett.*, **2001**, 42, 7033. (b) A. B. Salem, J.B. Regnouf-de- Vains, *Tetrahedron Lett.,* **2003**, 44, 6769. (c) B. Korchowiec, A. B. Salem, Y. Corvis, J. B. Regnouf-de- Vains, J. Korchowiec, E. Rogalska, *J. Phys. Chem. B,* **2007**, 111, 13231.

H. M. Dibama, I. Clarot, S. Fontanay, A. B. Salem, M. Mourer, C. Finance, R. E. Duval, J.B. Regnouf-de- Vains, *Bioorg. Med. Chem. Lett.*, **2009**, 19, 2679.

M. Mourer, S. Fontanay, R. E. Duval, J. B. Regnouf- de-Vains, *Helvetica Chimica Ata,* **2012,** 95, 13731386.

K. Helttunen, N. Moridi, P. Shahgaldian e M. Nissinen, *Org. Biomol. Chem.*, **2012**, 10, 2019-2025.

G. Sautrey , M. Orlof , B. Korchowiec , J. B. Regnouf de Vains e E. Rogalska , *J. Phys. Chem. B*, **2011**, 115 ,15002-15012.

S Sundriyal, R.K Sharma, R. Jain, *Curr. Med. Chem.*, **2006**, 13, 1321-1335.

M. C. de Oliveira, F. S. Reis, Â. de Fatima, T. F. F. Magalhaes, D. L. da Silva, R. R. Porto, G. A. Watanabe, C. V. B. Martins, D. L. da Silva, A. Lùcia Tasca Gois Ruiz, S. A. Fernandes, J. Ernesto de Carvalho e M. Aparecida de Resende-Stoianoff, *Letters in Drug Design & Discovery*, **2012**, 9, 30-36.

V. Paquet, A. Zumbuehl, E.M. Carreira, *Bioconjugate Chem,* **2006**, 17, 1460-1463.

P. Rouge, V.S. Pires, F. Gaboriau, A. Dassonville- Klimpt, J. Guillon, S.D. Nascimento, J.M. Leger, G. Lescoat, P. Sonnet, *J. Enzyme Inhib. Med. Chem.*, **2010**, 25, 216-227.

V.S. Pires, F. Gaboriau, J. Guillon, S. Nascimento, A. Dassonville, G. Lescoat, V. Desplat, Rochette, J. C. Jarry, P. Sonnet, *J. Enzyme Inhib. Med. Chem.*, **2006,** 21, 261-270.

L. Latxague, F. Gaboriau, O. Chassande, J.M. Leger, V. Pires, P. Rouge, A. assonville-Klimpt, S. Fardeau, C. Jarry, G. Lescoat, J. Guillon, P. Sonnet, *J. Enzyme Inhib. Med. hem.* **2011,** 26, 204-215.

K. Krenek, M. Kuldova, K. Hulfkova, I. Stibor, P. Lhotak, M. Dudic,

J. Budka, H. Pelantova, K. Bezouska, A. Fiserova, V. Kren, *Carbohydr. Res.* **2007,** 342, 1781-1792.

G. Sautrey, I. Clarot, E. Rogalska e J. B. Regnouf- de-Vains, *New J. Chem.*, **2012**, 36, 2060-2069.

L. K. Tsou, G. E. Dutschman, E. A. Gullen, M. Telpoukhovskaia, Y. C. Cheng e A. D. Hamilton, *Bioorg. Med. Chem. Lett.*, **2010**, 20, 2137-2139.

M. Mourer, N. Psychogios, G. Laumond, A.M. Aubertin e J.B. Regnouf-de-Vains, *Bioorg. Med. Chem.,* **2010**, 18, 36-45.

G. Chen e M. Jiang, *Chem. Soc. Rev.,* **2011**, 40, 2254-2266.

C. Thiele, D. Auerbach, G. Jung, G. Wenz. *J. Inclusion Phenom. Macrocyclic Chem.,* **2011**, 69, 303-307.

H. J. Kim , M. H. Lee , L. Mutihac , J. Vicens e J. S. Kim, *Chem. Soc. Rev.*, **2012**, 41, 1173-1190.

B. Mokhtaria, K. Pourabdollah & N. Dalali, *J. Coord. Chem.,* **2011**, 64.

S. K. Menon, N.R. Modi, B. Mistry, K. Joshi, *J. Inclusion Phenom. Macrocyclic Chem.*, **2011**, 70, 121-128.

S. Shinkai, K. Araki, T. Tsubaki, T. Arimura, O. Manabe, *J. Chem. Soc. Perkin Trans. I*, **1987**, 2297.

F. Perret e A. W. Coleman, *Chem. Commun.*, **2011**, 47, 7303-7319.

B. Mokhtari, K. Pourabdollah, *J. Inclusion Phenom. Macrocyclic Chem.*, **2012**, 73, 1-15.

W. Yang, M. M. de Villiers, *AAPS J.,* **2005,** 7, E241.

W. Yang, M. M. de Villiers, *Eur. J. Pharm. Biopharm,* **2004,** 58, 629.

W. Yang, M. M. de Villiers, *J. Pharm. Pharmacol,* **2004**, 56, 703.

E. D. Silva, P. Shahgaldian, A. W. Coleman, *Int. J. Pharm.*, **2004**, 273, 57.

F. Perret, A. N. Lazar, A. W. Coleman, *Chem. Commun,* **2006**, 2425.

H. W. Kroto, J. R. Heath, S. C. O'Brien, R. F. Curl e R. E. Smalley, *Nature*, **1985**, 318, 162-163.

W. Kratschmer, L. D. Lamb, K. Fostiropoulous e D. R. Huffman, *Nature* **1990**, 374, 354-358.

P. W. Fowler, A. Ceulemans, *J. Phys. Chem.*, **1995**, 99, 508-10.

K. Scida, P. W. Stege, G. Haby, G. A. Messina, C. D. García, *Anal. Chim. Ata*, **2011**, 691, 6-17.

B. S. Sherigara, W. Kutner, F. D'Souza, *Electroanalysis*, **2003**, 15, 753-772.

L. W. Tutt, T. F. Boggess, *Progress in Quantum Electronics*, **1993,** 17, 299-338.

R. Partha e J. L. Conyers, *Int. J. Nanomedicine,* **2009,** 4, 261-275.

R. Bakry, R. M. Vallant, M. N. Haq, M. Rainer, Z. Szabo, C. W. Huck e G. K. Bonn, *Int. J. Nanomedicine,* **2007**, 2, 639-649.

S. Bosi, T. D. Ros, G. Spalluto, M. Prato, *Eur. J. Med. Chem.*, **2003**, 38, 913-923.

M. Prato, *J. Mater. Chem.* **1997**, 7, 1097-09.

Y. Chen, R. F. Cai, S. Chen, *J. Phys. Chem. Solids,* **2001,** 62, 999-1001.

A. G. Raffaini e F. Ganazzoli, *J. Phys. Chem.* (B), **2010**, 114, 7133-7139.

X.H. Tian, C. F. Chen, *Chemistry - A European Journal,* **2010**, 16, 8072-8079.

M. Behera, S. Ram, *J. Incl. Phenom. Macrocycl Chem.* **2012**, 72, 233-239.

D.Y. Lyon, P. J. J. Alvarez, *Environ. Sci. Technol.* **2008,** 42, 8127-32.

A. Kumar, G. Patel e S. K. Menon, *Chem. Biol. Drug Des*. **2009**, 73, 553-557.

A. Kumar e S. K. Menon, *Eur. J. Org. Chem*, **2009**, 44, 2178-2183.

T. Da Ros, M. Prato, F. Novello, M. Maggini, E. Banfi, *J. Org. Chem.*, **1996**, 61, 9070.

M. Brettreich, S. Burghardt, C. Böttcher, T. Bayerl, S. Bayerl, A. Hirsch, *Angew. Chem. Int. Ed. Engl.*, **2000**, 39, 1845.

A. Herzog, A. Hirsch, O. Vostrowsky, *Eur. J. Org. Chem.* **2000**, 171.

S. Bosi, T. D. Ros, S. Castellano, E. Banfi, M. Prato, *Bioorg. Med. Chem. Lett.*, **2000**, 10, 10431045.

Y. Z. An, C. H. B. Chen, J. L Anderson, D. S. Sigman, C. S. Foote, Y. Rubin, *Tetrahedron,* **1996**, 52, 5179.

Y. N. Yamakoshi, T. Yagami, S. Sueyoshi, N. Miyata, *J. Org. Chem.*, **1996,** 61, 7236-7237.

S. Samai, K. E.Geckeler, *Chem. Commun.*, **2000**, 1101.

A. Boutorine, H.Tokuyama, M. Takasugi, H. Isobe, E.Nakamura, C.Helene, *Angew. Chem. Int. Ed. Engl.*, **1994**, 33, 2462.

H. Tokuyama, S. Yamago, E. Nakamura, T. Shiraki, Y. Sugiyura, *J.Am.Chem.Soc.*, **1993**,115, 7918.

S. H. Friedman, D. L. DeCamp, R. P. Sijbesma, G. Srdanov, F. Wudl, G. L. Kenyon, *J. Am. Chem. Soc.,* **1993**, 115, 6506-6509.

M. Brettreich, A. Hirsch, *Tetrahedron Lett.* **1998**. 39, 2731-2734.

S. Marchesan, T. D. Ros, G. Spalluto, *Bioor.g Med. Chem. Lett.*, **2005**. 15, 3615-18.

S. Bosi, T. D. Ros, G. Spalluto, *Bioorg. Med. Chem. Lett.*, **2003**. 13 4437-40.

R. A. Kotelnikova, G. N. Bogdanov, E. C. Frog, *J. Nanoparticle Res.* **2003**, 5, 561-6.

G. L. Marcorin, T. D. Ros, S. Castellano, *Org. Lett.*, **2000**, 2, 3955-8.

Revisões: (a) A.W. Jensen, S. R. Wilson, D. I. Schuster, *Bioorg. Med. Chem.*, **1996**, 4, 767-779. (b) T. D. Ros, M. Prato, *Chem. Commun*, **1999**, 663-669. (c) N. Tagmatarchis, H. Shinohara, *Mini Rev. Med. Chem.*, **2001**, 1, 339-348.(d) E. Nakamura, H. Isobe, *Acc. Chem. Res.*, **2003**, 36, 807-815.(e) S. Bosi, T. D. Ros, G. Spalluto, M. Prato, *Eur. J. Med. Chem.*, **2003**, 38, 913-923. (f) A. Bianco, T. D. Ros, *Biological Applications of Fullerenes*. Em Fullerenes Principles and Applications; F. Langa, J.F. Nierengarten, Eds. *RSC*, Cambridge, Reino Unido, **2007**.

P. J. Krusic, E. Wassermann, P. N. Keizer, J. R. Morton, K. F Preston, *Science,* **1991**, 254, 11831185.

J. R. Morton, F. Negri, K. F. Preston, *Acc. Chem. Res.,* **1998**, 31, 63-69.

I. C. Wang, L. A. Tai, D. D. Lee, P. P. Kanakamma, C. K.F. Shen, T.Y. Luh, C. H. Cheng, K. C. Hwang, *J. Med. Chem.*, **1999**, 42, 46144620.

N. Gharbi, M. Pressac, M. Hadchouel, H. Szwarc, S. R. Wilson, F. Moussa, *Nano Lett.,* **2005**, 5, 2578-2585.

L. L. Dugan, J. K. Gabrielsen, S. P. Yu, T. S. Lin, D. W. Choi, *Neurobiol. Dis.*, **1996**, 3, 129-135.

Y. L. Lai, P. Murugan, K. C. Hwang, *Life Sci.,* **2003**, 72, 1271-1278.

L. Xiao, H. Takada, K. Maeda, M. Haramoto, M. Nobuhiko, *Biomed. Pharmacother.* **2005**, 59, 351358.

L. Xiao, H. Takada, X. h. Gan, N. Miwa, *Bioorg. Med. Chem. Lett.*, **2006**, 16, 1590-1595.

P. Witte, F. Beuerle, U. Hartnagel, R. Lebovitz, A. Savouchkina, S. Sali, D. Guldi, N. Chronakis, A. Hirsch, *Org. Biomol. Chem.*, **2007**, 5, 3599-3613.

T. Sun, Z. Xu, *Bioorg. Med. Chem. Lett.,* **2006**, 16, 3731-3734.

J. Yang, L. B. Alemany, J. Driver, J. D. Hartgerink, A. R. Barron, *Chem.d. Eur. J.,* **2007**, 13, 25302545.

L. L. Dugan, E. G. Lovett, K. L. Quick, J. Lotharious, T. T. Lin, K. L. O' Malley, *Parkinsonism Relat. Disord.* **2001**, 7, 243-246.

S. S. Huang, S. K. Tsai, C. L. Chih, L.Y. Chiang, H. M. Hsieh, C. M. Teng, M. C Tsai, *Free Radical Biol. Med.*, **2001**, 30, 643-649.

D. Monti, L. Moretti, S. Salvioli, E. Straface, W. Malorni, R. Pellicciari, G. Schettini, M. Bisaglia, C. Pincelli, C. Fumelli, M. Bonafe , C. Franceschi, *Biochem. Biophys. Res. Commun.,* **2000**, 277, 711717.

L. L. Dugan, D. M. Turetsky, C. Du, D. Lobner, M. Wheeler, C. R. Almli, C. K.F. Shen, T.Y. Luh,

D. W. Choi, T. S. Lin, *Proc. Natl. Acad. Sci.,* U.S.A., **1997**, 94, 9434-9439.

S. S. Ali, J.I. Hardt, L.L. Dugan, *Nanomedicine,* **2008**, 4, 283-294, A.P. Brown, E.J. Chung, M.E. Urick, W.P. 3rd Shield, A.L. Sowers, A. Thetford, U.T. Shankavaram, J.B. Mitchell, D.E. Citrin, *Radiat. Oncol.* **2010,** 5, 34.

C.A. Theriot, R.C. Casey, V.C. Moore, L. Mitchell, J.O. Reynolds, M. Burgoyne, R. Partha, J.L. Huff, J.L. Conyers, A. Jeevarajan, W. H. Dendro, *Radiat. Environ. Biophys*. **2010,** 49, 437-445.

R. F. Enes, A.S.F. Farinha, A.C. Tome, J.A.S. Cavaleiro , R. Amorati ,S.Petrucci , G. F. Pedulli, *Tetrahedron,* **2009**, 65, 253-262.

S. Foley, C. Crowley, M. Smaihi, *Biochem. Biophys. Res. Commun.,* **2002,** 294, 116-1.

T. Y. Zakharian, A. Seryshev, B. Sitharaman, B. E. Gilbert, V. Knight e L. J. Wilson, *J. Am. Chem. Soc.,* **2005,**127, 12508-9.

J. G. Rouse, J. Yang, J. P. Ryman-Rasmussen, A. R. Barron e N. A. Monteiro-Riviere, *Nano Lett.*, **2006,** 7, 155-160.

S. David, H. Michel, I. Julien, N Jean-Francois, N. Marc, M. Emmanuelle, R. Jean-Serge, *Chem. Commun.*, **2011**, 47, 4640-4642.

R. Partha, L. R. Mitchell, J. L. Lyon, P. P. Joshi e J. L. Conyers, *ACS Nano*, **2008**, 2, 1950-1958.

G. Bogdanovic, V. Kojic, A. Dordevic, J. Canadanovic-Brunet, M.V.ojinovic-Miloradov, V.V. Baltic. *Toxicol. In Vitro*, **2004**, 18, 629-37.

R. Injac, M. Perse, N. Obermajer, V. Djordjevic-Milic, M. Prijatelj, A. Djordjevic, A. Cerar e B. Strukelj, *Biomaterials*, **2008**, 29, 3451-3460.

R. Injac, M. Perse, M. Cerne, N. Potocnik, N. Radic, B. Govedarica, A. Djordjevic, A. Cerar, B. Strukelj, *Biomaterials***, 2009**, 30,1184-96.

F. Lu, S. A. Haque, S.T. Yang, P. G. Luo, L. Gu, A. Kitaygorodskiy, H. Li, S. Lacher e Y.P. Sun, *J. Phys. Chem.*(C) , **2009**, 113, 17768-17773.

P. Chaudhuri, A. Paraskar, S. Soni, R. A. Mashelkar e S. Sengupta, *ACS Nano*, **2009**, 3, 2505-2514.

J. H. Liu, L. Cao, P. G. Luo, S.T. Yang, F. Lu, H. Wang, M. J. Meziani, S. A. Haque, Y. Liu, S. Lacher e Y.P. Sun, *ACS App. Mat. & Inter.*, **2010**, 2, 1384-1389.

S. Fletcher, A. D. Hamilton, *Curr. Opin. Chem. Biol.* **2005**, 9, 632.

M. W. Peczuh, A. D. Hamilton, *Chem. Rev.* **2000**, 100, 2479.

H. Zhou, D. A. Wang, L. Baldini, E. Ennis, R. Jain, A. Carie, S. M. Sebti, A. Hamilton, *Org. Biomol. Chem.* **2006**, 4, 2376.

H. S. Park, Q. Lin, A. D. Hamilton, *Proc. Natl. Acad. Sci.* U.S.A. **2002**, 99, 5105

M. A. Blaskovich, Q. Lin, F. L. Delarue, J. Sun, H. S. Park, D. Coppola, A. D. Hamilton, S. M. Sebti, *Nat. Biotechnol.* **2000**, 18, 1065.

S. Francese, A. Cozzolino, I. Caputo, C. Esposito, M. Martino, C. Gaeta, F. Troisi, P. Neri, *Tetrahedron Lett.* **2005**, 46, 1611.

T. Mecca, G. M. L. Consoli, C. Geraci, R. La Spina, F. Cunsolo, Org. *Biomol. Chem.*
2006, 4, 3763.

L. Baldini, A. Casnati, F. Sansone, R. Ungaro, *Chem. Soc. Rev.* **2007**, 36, 254.

M. G. Chini, S. Terracciano, R. Riccio, G. Bifulco, R. Ciao, C. Gaeta, F. Troisi, e P. Neri, *Org. Lett.,* **2010**, 12, 23.

S. O. Cherenok, O. A. Yushchenko, V. Y. Tanchuk, I. M. Mischenko, N. V. Samus, O. V. Ruban, Y. I. Matvieiev, J. A. Karpenko,V. P. Kukhar, A. I. Vovk, e V. I. Kalchenko, *ARKIVOC*, **2012**, 278-29.

B. Korchowiec,M. Orlof, G. Sautrey, A. B. Salem, J. Korchowiec, J. B. Regnouf De Vains, J. Korchowiec e E. Rogalska. *J. Phys. Chem.* B, **2010**, 114, 10427-10435.

L. Memmi, A. Lazar, A. Brioude, V. Ball e A. W. Coleman, *Chem.Commun.,* **2001**, 2474-2475.

E. Da Silva, D. Ficheux e A. W. Coleman, *J.incl Phenom. Macro.* **2005**, 52 201-206.

A. B. Salem, J. B. Regnouf De Vains, *Tetrahedron Lett.* **2001**, 42, 7033-7036.

A. B. Salem, J. B. Regnouf De Vains, *Tetrahedron Lett.* **2003**, 44, 6769-6771.

B. Korchowiec, A. B. Salem, Y. Corvis, J. B. Regnouf De Vains, J. Korchowiec, And E. Rogalska, *J. Phys. Chem.* B, **2007**, 111, 1323113242.

W. S. Michael, K. B. Kim, A. B. Jerry, H. J. Jan, S. Koseki, S. G. Mark, A. N. Kiet, L. W. Theresa, *QCPE Bulletin,* **1990,** 10,0889-7514.

D. A. Scherlis e N. Marzari. *J. Am. Chem. Soc.* **2005**, 127, 3207-3212.

HyperChem(TM) Professional 7.51, Hypercube, Inc., 1115 NW 4th Street, Gainesville, Florida 32601, EUA.

J. A. Gaussian, Inc., Wallingford CT, **2004**.

S. Kunsagi-Mate, K. Szabo, B. Desbat, J. L. Bruneel, I. Bitter e L. Kollar, *J. Phys. Chem.* B, **2007**, 111, 7218-7223.

N. S. Venkataramanan, R. Sahara, H. Mizuseki e Y. Kawazoe. *J. Phys. Chem.* C, **2008**, 112, 19676-19679.

R. Sijbesma, G. Srdanov, F. Wudl, J. A. Castoro, W. Q. Charles, S. H. Friedman, D. L. Decamp, G. L. Kenyonl, *J. Am. Chem. Soc.* **1993**,

115, 6510.

H. S. Friedman, D. L. DeCamp, R. P. Sijbesma, G. Srdanov, F. Wudl, G. Kenyon, *J. Am. Chem. Soc.* **1993**, 115, 6506.

V. S. Lee, P. Nimmanpipug, O. Araksakunwong, S. Promsri, P. Sompornpisut, S. Hannongbua, *J. Mol. Graph. Model.* **2007**, 26, 558.

H. S. Friedman, P. S. Ganapathi, P. S. Rubin, G. L. Kenyon, *J. Med. Chem.* **1998**, 41, 2424.

S. Durdagi, T. Mavromoustakos, N. Chronakis, M. G. Papadopoulos, *Bio. & Med. Chem.* **2008**, 16, 9957-9974.

Y. Z. An, G. A. Ellis, A. L. Viado, Y. Rubin, *J. Org. Chem.* **1995**, 60, 6353.

M. Rarey, B. Kramer, T. Lengauer e G. Klebe, *J Mol Biol.* **1996**, 3, 261, 470-89.

SYBYL-X 1.2, Tripos International, 1699 South Hanley Rd., St. Louis, Missouri, 63144, EUA.

D, Vidal, M. Thormann, M. Pons, *J Chem. Inf ComputSci.* **2005**, 45, 386.

A. A. Toropov, A. P. Toropova, D.V. Mukhamedzhanova, I. Gutman, *Indian J chem.* Sec A, **2005**, 44,1545.

P. P. Roy, K. Roy, QSAR *Comb Sci.*, **2008**, 27, 302.

Printed by Books on Demand GmbH, Norderstedt / Germany